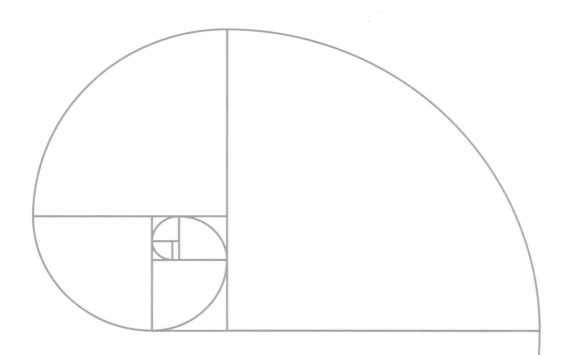

集聚的能量

——城市更新背景下
"新产城融合·工业上楼"的
探索与实践

的

能量

U0391538

杨小贞　著

中国建筑工业出版社

粤图审字（2024）第 2667 号

图书在版编目（CIP）数据

集聚的能量 ：城市更新背景下"新产城融合·工业上楼"的探索与实践 / 杨小贞著 . -- 北京 ：中国建筑工业出版社，2024.11. -- ISBN 978-7-112-30458-5

Ⅰ . TU27

中国国家版本馆 CIP 数据核字第 2024VQ1902 号

责任编辑：刘　丹
书籍设计：锋尚设计
责任校对：赵　力

集聚的能量——城市更新背景下"新产城融合·工业上楼"的探索与实践

杨小贞　著

*

中国建筑工业出版社出版、发行（北京海淀三里河路 9 号）
各地新华书店、建筑书店经销
北京锋尚制版有限公司制版
北京富诚彩色印刷有限公司印刷

*

开本：850 毫米 ×1168 毫米　1/16　印张：12¼　字数：206 千字
2024 年 12 月第一版　　2024 年 12 月第一次印刷
定价：**128.00** 元
ISBN 978-7-112-30458-5
　　（43021）

園基不拘方向地勢自有高低涉門成趣
得景隨形或傍山林欲通河沼探其近郭
遠來往之通衢選勝落村藉然差之深樹
邨相地合宜構園得體　相地

——"园冶·相地"所蕴含的随形就势、合宜得体之妙，恰似本书中对城市更新建筑的深度探索，旨在寻找空间与生活的完美契合。

创造性解决问题，
解决创造性问题

——杨小贞

从《向上的力量》到《集聚的能量》

《向上的力量》的作者杨小贞正在撰写新书。

从"产城融合"到"工业上楼",再到具体落地画图、设计要领,《向上的力量》似乎已经说得比较透彻了,我也为那本书写过一篇读后感。但是,作者后来跟我说,那个话题她总觉得意犹未尽,前前后后细思下来,还有更多的体会,还有许多没说完的话,在一个个案例中有一些新的经验,当然也有自己对一些过程的反思,很想把这些都记录下来。

因此,她希望通过一部新的作品,续写《向上的力量》未尽的命题,也期望借此机会对过往的创作心路进行细致梳理和深刻反思,从而为读者分享设计师、建筑师、工程师不同维度下丰富、深入的视角。我对此充满期待。

今天终于看到了新书《集聚的能量》的样稿,醒目的书名和独特的装帧设计极具辨识度,这就是上一本书的姊妹篇。从"向上的力量"到"集聚的能量",字里行间可以感受到这一路走来,作者应该有一个认识的飞跃,也有一个实践的突破,更有一个视野的提升。我有幸提前翻阅了样稿,倍感欣慰。我清晰地看到作者在认知上的巨大飞跃,以及她在实践中取得的新突破和新视野。

(一)

"工业上楼"这个命题出来之后,很多人说那是因为深圳没有地,珠三角地区没有地,其他城市没有可比性,所以这不是规律性的趋势。毕竟有很多地方的工业不用"上楼"也做得很好。

那么，"工业上楼"到底是为什么呢？

其实上本书的标题就非常清楚地表明了一个新趋势，那就是《向上的力量》。这个力量不完全是为了解决工业的问题，更多是解决城市发展的问题——"工业上楼"不光是解决一个楼宇和建筑之间的问题，更多是关注新发展模式的问题以及对新趋势的一种引流。

从20世纪60年代提出的四个现代化，到当下具有中国特色的新"四化"（新型工业化、信息化、城镇化、农业现代化），城镇化已经提出20年了。新型工业化、信息化带来了新一轮的产业革命、科技革命，作为实体经济核心的先进制造业也随社会的分工、城市群的协同、产业链的重构、人力资源的结构化而简化，建设智慧城市、生态城市和宜居宜业宜游的城市成为高质量发展的目标和载体。新型工业化和城镇化是集约式发展中的一对矛盾，一直在博弈中选择和突破。

有感于时代背景的交织与演进，在这本书里面，我看到了作者的思考，看到了作者在认识过程中间的"裂变"。

"工业上楼"这一概念的提出，往往被人们简单地解读为深圳或珠三角地区应对土地资源紧张的一种策略。然而，这样的理解未能触及"工业上楼"背后蕴含的更深层次的城市发展理念。实际上，"工业上楼"不仅仅是为了应对土地资源的限制，它更代表了一种创新的城市发展模式和思维路径。如同《向上的力量》所阐释的，"工业上楼"不仅解决建筑空间的问题，而且标志着整个城市发展模式的重要转型。这一转型旨在推动城市向集约化、智慧化和生态化方向发展，从而实现人们安居乐业、生活幸福的美好愿景。

在杨小贞的新书中，我们不仅可以洞察到她对"工业上楼"现象的深刻见解，更能体会到她在这一进程中的思考演变。她精准地捕捉到了"工业上楼"为城市发展带来的新契机，以及这一变革对构建现代化、智能化和生态化城市的深远影响。

（二）

第一章从农业社会到工业社会再到信息化社会的历史变迁徐徐展开。书中生动地描绘了改革开放的进程、产业的发展、城市集约式发展的推进以及城市群的崛起，特别提到珠三角地区，尤其是珠海和东莞的案例，为我们提供了生动的样本。同时，书中也展示了背后的业主单位——珠海格力集团和东莞松山湖科学城发展集团的显著变革。在阅读完这些内容后，我陷入了深深的思考。这些内容所蕴含的意义，已经远远超出了设计师或建筑师所能单独理解和阐述的范围。它们实际上揭示了工业化进程的波澜壮阔、改革开放带来的深远影响，以及相关企业在时代变迁中如何不断发展壮大。这些内容不仅体现了设计师和建筑师的智慧，更深刻地反映了社会和经济的巨大变革。

我不由自主地翻回到书的封面，在"集聚的能量"下，还有一行差一点被忽略的副标题——城市更新背景下"新产城融合·工业上楼"的探索与实践。以我自认为熟悉的珠海三溪科创城为例，在作者笔下，这个项目展现了城市更新、"工业上楼"、珠海格力三个支柱。这三者之间的大背景让我们和作者一起思考，在城镇化的过程中，通过城市更新解决当下中国的问题，支撑城市成长的工业能量怎么体现、怎么落地、怎么集合。在珠江三角洲这样人口密集、发展迅猛的地区，"工业上楼"的需求应运而生，而三溪科创城，作为书中的一个典型案例，其背后又蕴藏着怎样的故事和背景呢？这无疑是一个值得深入探讨的课题。

我第一次去三溪科创城考察，那时整个项目刚刚起步规划。我们的造访源于另一个项目，该项目连接着三溪科创城到南岸工业城之间的一片城市地带。在这片区域中，我看到了已经畅通的明珠城际车站，看到了新建成的商贸中心，也顺带考察了有待改造和提升的空间。无论是城市交通还是社会文化产业，都有着向上的力量、期待的动能。那次实地考察，不仅让我对三溪科创城有了直观的认知，更让我深刻地了解了它的发展历程与现状。

三溪，由沥溪、福溪、南溪及界涌4个旧村组成，位于珠海二线关交界处，与中山毗邻。这个地理位置相当于深圳的二线关外，靠近宝安、龙岗以及东莞、惠州等地。令人惊喜的是，这里背靠风景秀丽的凤凰山，有着便捷的出城交通。这个独特的区位，有什么潜在的价值，又将如何发展其独特的空间？这些问题在我心中萦绕，让我对三溪的未来充满了期待。

在《向上的力量》导读里，我写过那次交流的前因后果。我有幸在松湖智谷遇到了三溪科创城的管委会主任，他邀请我前往实地考察。那次考察给我带来了三个意想不到的发现。一是，尽管有一份由著名公司制定的出色规划，但该规划却被搁置并最终被否定，无法得以实施。二是除规划区域外，房地产商已经开始对周边村庄的"旧改"住宅进行建设。当然令我惊喜的是第三个发现：这里竟然是苏曼殊的故居所在地，蕴含着深厚的文化底蕴！那天，管委会主任还特地邀请了当地村主任与我们交流，从他口中，我更多地了解到了这片土地的历史、传承及其独特的价值。

三溪，由三个古老的自然村组成，却鲜明地展现我国大多数城镇化"三态"特质。首先是"工业态"，以格力的厂房为代表，需要转型，需要提升，需要新引进新的产业，这也是片区赋能的内在动力。其次是"城乡交合态"，作为农村与城市交会的地带，这里的"旧改"需求和较低的成本吸引了众多房地产商，这些开发商已经在此占据了几个开发楼盘。最后是最让我们纠结也最富有想象力的"历史文化态"，这里既有未来城市的缩影，也有文化的积淀，还有几个大村之间的传统沉淀。如同深圳的城中村，每个村庄都保留着一些小庙堂、小会堂等文化符号。

面对这三种截然不同的状态，我们不禁思考：这片"三明治式"的区域未来将以何种方式实现融合与提升？又将留下哪些独特的文化印记？

在那次考察中，我们遇到了一位非常干练的女设计师。她介绍了在东莞的经验，讲述了在深圳做的案例，她凭借这些丰富经验，阐述了新型工业、新城市需求以及现代文化和传统提炼等。我们都深切感受到她那种勇于探索、不断钻研的精神，不断自我否定的决心和勇气，以及她敢于挑战现状、敢于否定之否定往前冲。后来，她成了这个项目的设计项目总负责人，也是这本书的作者。之后她还拉着我们的学习考察小分队去看过虎门大桥、虎门车站旁边的项目，看过东莞水乡和滨海湾新区以及深圳周边的一些案例和项目，一直延续到现在，我们都感受到在一起剖析新项目的乐趣。

（三）

那次考察中，我向她提了三个问题。第一，这个项目已经有一家公司做过规划了，那你现在是在原规划上完成建筑呢，还是要对规划进行全新的调整？第二，你现在只能实施格力可支配的启动区（即格创·集城S1地块），在与城市结合配套方面，怎么考虑将住宅和周边地区纳入规划，并通过这些调整推动后续项目的改进，进而提升整个空间的价值和增值潜力？第三，这个项目到底谁说了算？涉及甲方、乙方以及丙方等多方意见与诉求时，如何在尊重历史和各方期望的基础上，有效融入你自己的独特想法，并且怎么来实现？

今天看到这本书，我终于找到了答案。

古人云，书中自有颜如玉。看到这本书，我才理解当时杨小贞的信心从何而来，我才知道一路走来是多么的纠结。把三溪科创城作为案例来剖析，我觉得她是勇敢地面对过去，坚定地相信今天，而且大胆地设想未来。她正在探索一条新路，这条新路关乎如何将中国的城镇化建设打造为新"四化"的骨干。在这个过程中，我们既要展现不同城市的独特魅力，也要满足产业的发展需求，同时保持人文与传统的纯粹，更要展望未来，在国家与区域的平台上构建新型城镇。

（四）

设计者巧妙地运用了三溪的特点，将格创·集城、格创·智造、格创·慧城三大板块进行了精准定位。这三大板块构成了城市与产业有机结合的支撑。通过漫舒·溪里，设计者成功实现了旧城改造中新旧产城融合之间的无缝衔接，同时打造了一个文化生活与创意交互的空间。其中最具特色的是在漫舒·溪里内保留了苏曼殊故居和简氏大宗祠，对历史的尊重与激活，用现代手法构建了一个集工业、生活、现代、历史、人文于一体的平台。此外，在入城公路的设计上也充分体现了设计者的匠心独运：精心打造的主干道，不仅深入三溪公园，而且延伸至凤凰山脉，巧妙地通过穿越的方式与周边城市和区域实现连通。

这种设计不仅形成了动静交互的生动场面，而且在集约的空间中实现了能量的发射与传递，充分展现了设计者的匠心独运和前瞻性思考。

（五）

以上是关于三溪科创城我想说的一些话。除了三溪科创城，书中还重点介绍了另外一个精彩的项目，为了保留一些神秘感，请读者朋友自行前往，酣畅阅读。

作为一本书的序或阅读导言，我建议大家根据各自的人文视角和知识背景选择不同的阅读起点。作为普通读者，可以遵循作者的安排，从第一章至最后一章顺序阅读，感受从"城市脉动"到"百年机遇"，最后到"聚生聚荣"的层层递进。如果想快速了解故事的来龙去脉，我建议从第四章和第五章的第一节开始探索，先了解项目的具体情况、被选案例理由及其优质指标，之后再回溯其源头，转向第三章深入理解背后主导企业的关键作用，接着去第二章探究项目所在地的特色，最后在第一章领略作者是如何引导我们思考整个时代背景下的建筑产业与未来。若将此书作为案例教材，建议从第六章入手，先领悟作者的思想、思路和对未来的展望，再按需回到前文深入研读，这样的阅读方式能够真正做到因地制宜、因人制宜、因时制宜、因需制宜。

一本书能够从不同的角度，立体、多维、多元地阅读，而且我也希望大家能够把这本书和第一本书《向上的力量》连起来看。如果你看过《向上的力量》，就会感受到作者如何以开拓未来的视角，通过"工业上楼"、城市建设和谋划未来三种不同方式向我们展示那些极具代表性的作品。我们需要认识到设计师为这座城市的水泥钢筋注入了生命，与城市进行了一场关于未来的活跃对话，深入理解其深层次对立统一的矛盾，并把握其发展趋势。在这本书中，三溪科创城的案例被生动地呈现出来，使我们能够更深入地理解和感受这一对话的过程。

当我们深入剖析三溪科创城的构成要素时，不难发现它巧妙地融合了生活、工作和生产等方面的集约功能。同时，它还形成了一个集产业供应、研发、生活和创意于一体的产业集群。这种集约集群不仅提升了城市功能的集合，包括小学、公园、人文空间等，而且更重要的是，它集聚了新的能量，成为一个面向未来发展的全新平台和载体。

这本书对于专业学生而言，是一本宝贵的案例分析参考。它不仅可以丰富你的知识和思维过程，而且能帮助你深入了解项目策划、市场背景以及甲乙双方的合作过程。它满足时代发展的需求，集聚各方能量，在新的平台上展示各自的价值。对于城市领导者、建设者和规划者，我强烈推荐通读此书，甚至可以考虑组织读书班共同深入探讨。通过阅读和学习，我们或许能找到更多关于"工业上楼"的启示，感受到两本书中介绍的"向上的力量"和"集聚的能量"，同时领略到大家的智慧与智慧的大家。

这本书，让我们见证了中国式现代化的历程——从城镇化的城市功能提升，到区域协同和都市圈的形成。这一进程得益于中国改革开放战略，也是中国改革开放成果的体现，我们用几十年的时间跨越了西方国家数百年的发展历程。同时，面向未来，我们也在不断地进行自我反省、规划新的布局。

书中深刻展示了城市建筑与生态之间的和谐共生，构建了一个集产业、人文、生态于一体的幸福城市蓝图。作者巧妙地将历史人文与现代工业、生产生活、产业供应链相结合，为我们呈现了一个全面发展的城市愿景。

从"工业上楼"到都市圈布局，就发生在作者工作生活的城市——深圳。"深圳是改革开放后党和人民一手缔造的崭新城市，是中国特色社会主义在一张白纸上的精彩演绎。"深圳用40年时间走过了国外一些国际化大都市上百年走完的历程。这是中国人民创造的世界发展史上的一个奇迹。新时代深圳正肩负着新的使命，向着率先实现社会主义现代化奋进。

书中自有黄金屋。期待每一位有幸读到这本书的读者可以看到触动自己闪光的能量！

张克科

2024年5月8日于深圳

无专精则不能成，无涉猎则不能通也

"无专精则不能成，无涉猎则不能通也。"

梁启超先生的这句话，深刻地道出了学习的真谛——专精与涉猎，如同鸟之双翼、车之双轮，缺一不可。我之所以毫不犹豫地把它借用过来作为标题，是因为它能够极其准确地概括我想要表达的核心观点。

过去的两年里，《向上的力量》作为第一本"工业上楼"实践探索型书籍推出市场，第一次印刷的图书很快售罄，并于2023年12月加印。这意味着市场在急于寻找新质园区的建筑设计空间答案，寻找新产城融合的破局之路。这让我感到欣喜，也感到诚惶诚恐。

因为我深知，读建筑学需要5年，而我读了20多年，至今仍不敢毕业。

决定写书，决定出品一本关于建筑、设计和实施实践的图书，作为作者，是希望将我们在纸上耕耘的轨迹，通过对项目的理解注入设计基因，再借用我们合作方实施的过程和成果，进行书写和总结。书写这个过程，实则是再一次将这种基因沉淀到文字里，为建筑、为市场提供一些经验探索的路径和借鉴。

因此，我也深深地知晓，《向上的力量》一书仅是一种引流，在实践当中，没法在书本里把对整个项目过程以及20余年来深耕建筑设计领域的心得体会一一表达清楚。在现实面前，很多时候文字和语言都是一样的苍白。只是，时间报以我们实实在在的果实，我们通过自己的学识、知识、见识和胆识形成了一套我们自己的认知，进而闪烁了一点点光芒，照亮自己道路的光芒。

推出我个人的第二本专著《集聚的能量》，一是对第一本书中许多未深度表达的实践经验作些补充，二是我们有必要回顾一下自己的初心。毕竟正是这种最初的想法，支撑着我们走过了多个项目的磨炼，在得已与不得已之间，在合理与不合理之间，存心养性、锻炼心志、专心致志地支撑着我们每一个项目的健康落地。例如，松湖智谷的成功落地，之后是珠海三溪科创城的高效运营、格力三灶低碳园的顺利投产等一系列项目的正向反馈。这些案例说明了我们想要的不是为哗众取宠而绘制碎片化信息，而是为了一种深入的探究，是我们积攒和消化了一摞文本、一把时间、一些经历后，对天文地理、对历史人文、对城市、对产业、对经济、对人，甚至于对过去和未来的认知所倾吐出来的关于建筑的文字。它们或多或少表达了我们要的不是高度的概括，而是对市场的把握、对政策的理解、对规范的解读、对创新的应用、对项目的负责、对地块的尊重、对细部的展示，也表达了我们对自身的要求。落地的每一个项目所呈现的能量，恰恰说明了这一点，我们努力通过每一张蓝图把自己想要描述的东西交代清楚。

选定"新产城融合·工业上楼"作为我们的专攻领域进行精耕细作，既是偶然、更是必然。偶然是因为产业和城市的发展正好到了传统产业布局与城市空间拓展矛盾日益凸显的阶段，而我们在非常早的时候就做出了东莞松湖智谷、珠海三溪科创城这样能得到市场认可的作品，解决了产业空间受限与城市功能提升之间的矛盾，在业内赢得了不错的口碑，因此得以在这一领域崭露头角并持续深入探索。必然则是因为在建筑设计领域，我们始终坚持用躬身实践的方式，辩证地看待城市空间和产业深化转化之间的矛盾，正确认识和处理政策、规范、制度同市场客观规律的对立统一关系，尽最大的努力构建生态、和谐、可持续的"产学研展商"一体化模式，实现城市可持续发展目标。

而在当下信息泛滥的时代，过多追求理论创新而失去实践的本真，是社会普遍存在的急躁现象之一。如同五花八门而又千篇一律的建筑，就是因为教条化地认为过度理论就是创新、标新立异就是实践，却忽略了创新应用带来的对认知、对实践经验的重要改变。这种现象导致许多建筑只是形式上的创新，却缺乏与实际需求和环境的深度融合，与谋划和实施之间的细节精准把控，无法真正为城市和人带来价值，也使得建筑行业在追求创新的道路上逐渐偏离了实践的本质，陷入了为创新而创新的误区，忽视了建筑应有的实用性、功能性和与周边环境的协调性等真正能体现建筑之美的重要因素。

因此，我们力图在每个项目的实施过程中，始终秉承设计中最重要的创新意识，在实践中通过应用总结而持续改进。其实，"设计"是舶来词，中国传统说法应该是"营造"，最早可以追溯到春秋时期的鲁班。两千多年前的鲁班就以行动告诉我们，创新是设计保持新鲜的灵魂，每个项目的推进过程实则是创新设计与工程技术不断探索和寻找新思路的过程。而做到这些的基础，首先是要踏实做人做事。

希望无论是这本《集聚的能量》，还是我们手持的每一个项目，都是在这个时代的洪流中，在有序而又无序的现实世界指引着每一个工程技术点的落位——这不是一件容易的事。因此，事情得一步一步地扎实做，做起来、做好它，把我们信任的人和信任我们的人内心想的、思维里最耀眼的部分挖掘出来，用我们最扎实的专业，以多维的角度，画出每一根设计线条，构造通往美好的空间，从而走向我们内心最华丽的建筑世界。

《集聚的能量》一书，通过两个实操案例书写着建筑这一华丽世界的点滴，以一种有形而无界的状态，告诉自己，也与大家分享建筑不仅只有建筑本身，不是单一的盖房子，不是纸上谈兵，也不是盲目建设。它所呈现的是经济、人口、文化、气候、生态环境、过去与未来……

我们通过两个项目的实践，从市场调研、数据分析、模拟运营、方案比选到大胆决策、小心求证，尝试一种更专业、更精细、更具特色的创新方法，为建筑提供一种全新的服务路径。

在实践中，也许我们有太多的来不及，来不及在这本书中把我们想要表达的每一个观点、每一件事讲述彻底，但我们会把我们的观点，我们的理念，我们想要做好的每一件事、每个项目以最有趣的状态展现出来，显示出它的深情深意。

建筑亦如人生，在不得已中找路、走路。我们相信生命没有尽头，躯壳只是灵魂载体，在有限的生命中活化我们无限的可能。愿我们和建筑一样，活出科学理性，活出山水柔情，活出结构艺术，活出肝胆寸心，活出理性的极致——感性之美，让美在心里绽放。

2024年8月于深圳生态园

目　录

03 多方合力
——为实现经济目标和发展战略而笃定前行　　41

04 创新载体
——珠海三溪科创城建设全景　　65

05　园镇合作

06　聚生聚荣

跋

城市脉动

——时代旋律下的建筑与产业

1.1 城市与产业的协同并进

　　城市的出现，是人类群居生活的高级形式，也是人类走向成熟和文明的标志。因为城市的产生，人类活动变得越来越丰富，城市也因此集中了经济、社会、政治、教育、科技创新和环境保护等各方面的功能，组织模式从起初的部落、村庄到现代化国家的大都市，在建章立制的同时推动着人类文明不断向前演进。

　　从根本上来说，城市的形成无外乎因"城"而"市"和因"市"而"城"两种情况。因"城"而"市"就是城市先有城后有市，市是在城的基础上发展起来的。这种情况多见于战略要地和港口、边疆城市，比如天津起源于天津卫。因"市"而"城"就是城市先有市后有城，市的发展促进了城的产生。这种情况比较多见，是社会分工和人类经济发展到一定阶段的产物，本质上是产生了交易中心和聚集中心，从而使得城市告别了农村和乡镇的形态，日益壮大，比如深圳经济特区起源于宝安县而发迹于老罗湖[①]。

　　有人的地方就会有生活，有生活的地方就会有产业和产业链动。"城"和"市"你中有我、我中有你，这也很好地体现了城市、产业以及身处其中的人之间的紧密联系。从结构来看，城市是经济发展和社会进步的基础，产业是城市经济的基础，城市通过产业吸引人聚集并开展一切活动，而人又是城市和产业的第

---

① 1979年3月，宝安县改为深圳市，罗湖区于同年10月正式组建，辖福田、附城2个公社和深圳镇。1982年1月，设立罗湖行政区，辖整个深圳经济特区。老罗湖主要就是指这个时期的罗湖。

一资源、第一生产力，因此，人、城市和产业之间的相互作用使得城市不断发展壮大，推动着经济的持续增长以及科技和文明的不断进步。

■（一）产业兴衰与城市发展

城市的繁荣与衰退，往往与产业的兴衰紧密相联，这一点在历史的长河中得到了反复印证。产业作为城市经济的基础与动力，其发展水平和结构调整对城市的整体发展具有决定性影响。从古代农业社会的城邦兴起，到工业革命时期的城市化浪潮，再到现代服务业和高科技产业的蓬勃发展，每一次产业革命都伴随着城市的兴起或衰落，产业的兴衰成了城市发展的"晴雨表"。

产业的每一次跃升都为城市带来了新的生机与活力，但产业的衰退同样会给城市带来严重的挑战，如工业"空心化"、经济萎缩等问题，这些问题需要城市管理者、产业规划者、设计者和建设者共同面对和解决。产业与城市之间是相互依存、相互促进的共生关系，产业需要城市的基础设施、人才资源和市场环境来支撑其发展，而城市则依赖产业的经济活动来维持其运转和发展。产业的繁荣能够带动就业、增加税收、提升城市竞争力，从而推动城市的整体发展。与之相应，城市的发展也能够为产业提供更好的服务和更广阔的市场，帮助产业实现升级和转型。

■ 人类，只有人类，能创造自己想要的环境，即今日所谓的文化。其原因在于，对于同此时此地的现实相分离的事物和概念，只有人类能予以想象或表示。只有人类会笑，只有人类知道自己会死去，也只有人类极想认识宇宙及其起源，极想了解自己在宇宙中的位置和将来的处境。

——［美］斯塔夫里阿诺斯《全球通史：从史前史到21世纪》

随着经济全球化和技术革新的推进，城市需要不断调整和优化产业结构，以适应经济发展的新趋势。从劳动密集型向技术密集型转变，从传统产业向现代服务业和高端制造业转型，城市需要通过政策引导和市场机制，促进产业结构的升级、产业链的延伸，从而实现经济的可持续发展。面向未来，城市需要以前瞻性的视角进行产业布局，新兴产业如人工智能、大数据、绿色能源等领域将成为推

动城市未来发展的重要力量。城市应当加大对这些领域的投入和支持，培育新的经济增长点，同时也要注重传统产业的转型升级，确保城市的产业结构更加多元化和均衡。这不仅能够为城市带来新的经济活力，还能够提高城市抵御风险的能力，使其在面对未来可能出现的各种挑战时更加稳健。

产业兴衰与城市发展是一个复杂而深刻的主题。在新的历史条件下，城市必须把握产业变革的趋势，优化产业结构，提升产业竞争力，以此推动城市的全面进步和繁荣。通过产业与城市的良性互动，共同绘制出一幅繁荣昌盛、充满活力的城市发展蓝图。未来，城市将继续与产业携手，共同迎接挑战，共创辉煌。在这个过程中，我们需要不断学习、探索、创新和应用，以确保城市不仅能够适应未来的变革，还能够引领这些变革，为居民创造更加美好的生活环境，为全球的可持续发展作出贡献。

■（二）建筑作为产业与城市互动的见证

在城市的繁荣与产业的兴盛相互辉映的同时，建筑作为城市发展的重要组成部分，也在不断地适应和改造着自然环境。

"宅，择也，择吉处而营之也。"《释名·释宫室》中的这个解释，非常简练地表述了建筑的过程。这里的"择"跟"宅"同音，可以理解为对自然和社会环境的选择，"营"则是人工环境的创造。正所谓"物竞天择，适者生存"，迫于生理需求和安全需求，人类不得不屈从于大自然各种地理环境的影响，努力使自己适应各类具体的地理环境。从深山密林到雪域高原，从荒莽戈壁到草地滩涂，不同地域环境中的建筑是人类适应自然并改造自然的最好证明。

经历了从简单到复杂、从低层到高层、从满足简单的物质需要到关注物质和精神双重价值，建筑不仅成为我们日常生活的重要组成部分，还直接影响着我们的身心健康和生活质量。建筑风格更是作为一种文化或时代的反映，承载并体现了不同历史时期的社会、文化和技术水平。因此，建筑风格可以被视为时代的"旋律"，折射出当时社会的价值观念、风俗习惯和审美意趣，同时也为历史留下珍贵的文化遗产。

■ 建筑师的业是什么？直接地说是建筑物之创造，为社会解决衣食住行三者中住的问题，间接地说，是文化的记录者，是历史之反照镜。所以你们的问题是十分地繁难，你们的责任是十分地重大。

——梁思成

　　如果说建筑物单体是"点"的艺术，那么对于城市空间的规划就是"面"的艺术。建筑的平面布局扮演着至关重要的角色，它不仅塑造单一建筑的业态与形态，更将辐射到建筑群、村镇乃至城市的整体规划与发展。在建筑设计的初始阶段，空间规划作为核心议题，需要被优先考量，包括但不限于环境融合、功能需求、流线组织、空间效率、法规遵守与经济贡献等关键方面。同样，空间规划也受到建筑设计的制约，如建筑的外观形态、尺寸比例以及结构样式等，这些因素均会对空间布局产生显著影响。

　　建筑平面布局影响建筑产品，建筑的产品定位将直接决定其设计的具体形态和风格，进而对城镇化进程及其承载能力产生深远的影响。因此，建筑设计与空间规划之间存在着密不可分的内在联系，它们相互依存、相得益彰，共同塑造着建筑乃至城市的风貌与功能。

■（三）产业集群式发展速度加快

　　正如建筑和空间规划共同塑造城市的形态与功能，产业的集群化发展也在重新定义城市的经济结构和增长动力。最直观的体现是产业链逐渐形成并得以不断完善，从技术研发到生产制造再到货运物流，在产业集群的中心地带，新的企业不断涌现，现有企业不断扩大规模，成为行业的龙头。

　　在产业集群中，企业之间的合作促进了技术创新和产品创新，实现了"1+1＞2"的成效。通过产业集群的合作和交流，企业之间的技术水平得以提升，产业集群的整体技术水平也得以提高。同时，产业集群的形成会吸引大量行业内的人才，人才的聚集又有助于进一步的技术创新和产业发展。这是一个在企业、政府和市场等各方面积极推动下各环节相互协作、协同发展的过程，产业链的闭环和先进生产制造的良性循环是产业集群式发展的核心竞争力，也是城市持

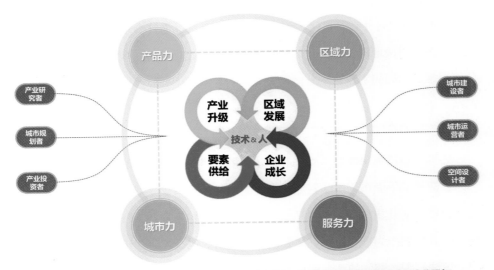

(政府是服务机构、开发运营商是服务机构、设计是服务机构，一切围绕最终消费群体即人和产业服务)

人和技术是产业迭代升级的根本

续发展的特色，而空间为其赋能。

以深圳的新能源汽车产业为例，2022年，深圳新能源汽车产量比上年增长183.4%。截至2022年12月11日，深圳新增新能源汽车22万辆，渗透率达57%，全市新能源汽车保有量达74万辆，位居世界城市的前列[①]。当前，深圳已具备较为完整的新能源汽车产业链，年产值千亿元企业1家，百亿元以上企业5家，10亿元以上企业超过20家，新能源汽车产业"一超多强"的企业格局初步形成。深圳新能源汽车产业链生态圈初步成形，构建了囊括动力电池、驱动电机、电控系统、自动驾驶、激光雷达、毫米波雷达、整车制造、基础设施建设等领域的完整产业链，集聚了比亚迪、欣旺达、贝特瑞、星源材质等知名企业。

目前，深圳新能源汽车产业集群重点布局坪山区、南山区、深汕特别合作区。其中，坪山区兼具研发设计和生产制造功能，主要开展智能网联交通测试示范平台建设、整车制造、多场景应用测试验证等工作；南山区主要开展智能算法系统、激光雷达、车载通信等智能化、网联化关键技术研发；深汕特别合作区主要开展智能座舱设备等汽车零部件核心产品的研发、生产与制造。未来，深圳以新能源产业为代表的"20+8"产业集群将进一步发展壮大，成为推动经济社会

---

① 数据来源：2022年12月12—14日，2022碳达峰碳中和论坛暨深圳国际低碳城论坛。

宝安区
动力电池
· 欣旺达
· 拓邦
· 首航新能源
电机电控
· 欣旺达
· 恒驱电机
· 中驱电机
· 伟力驱动
汽车电子
· 安培科技
· 创维汽车电子
· 奥科斯特
充换电服务
· 中兴新能源
· 理士新能源
· 猛犸充电

光明区
动力电池
· 东方醒狮
· 正翔电池
· 孚能集团
电机电控
· 英威腾
· 蓝海华腾

汽车电子
· 致尚科技
充换电服务
· 鸿嘉利
· 联合瓦特

龙华区
动力电池
· 天劲科技
· 量能动力
· 华宝新能源

汽车电子
· 顺络电子

龙岗区
动力电池
· 贝仕达克
· 深圳卓能
· 日升质
电机电控
· 玛西尔
· 汇北川

汽车电子
· 麦思美
· 天丽
· 秋田微
整车制造
· 五洲龙
· 华为
充换电服务
· 丁旺科技

坪山区
动力电池
· 三和
· 国氢新能源
电机电控
· 亚加电机
汽车电子
· 安进
· 巴斯巴
整车制造
· 比亚迪
· 开沃汽车
充换电服务
· 快充王.
· 电王快充
· 车电网

劲百倍

南山区
动力电池
· 亿能动力
电机电控
· 小象电动
· 威迈斯
汽车电子
· 道通科技
· 赛格导航
· 宝成科技

整车制造
· 大疆
· 腾讯
· 创维
充换电服务
· 索源科技
· 恒大充电

福田区
汽车电子
· 众рон实业
· 正项科技
· 汇能新能源

充换电服务
· 江机实业
· 汇项科技
· 协创数据

罗湖区
汽车电子
· 闻泰科技
整车制造
· 宝能汽车

充换电服务
· 顺佳成
· 盈刻充
· 聚电
· 云杉智慧

盐田区
汽车电子
· 安科讯

充换电服务
· 华南充电
· 金思成科技

汽车后市场服务
· 兆新股份

大鹏新区
动力电池
· 比克电池

注：深汕特别合作区未纳入统计范围。

深圳市新能源汽车产业链企业地图
图片来源：前瞻产业研究院

高质量发展的主引擎。这种产业布局的优化和集群化发展不仅体现了深圳在新能源汽车产业方面的战略眼光，也反映了全球化背景下城市发展模式的转变。

（四）逐渐消隐的边界

在我们的传统观念中，世界的样子是由自然地理和区域划分决定的。但是，通信系统、油气管道、公路铁路等网络组成的基础设施，正在重新定义"边界"，从而把世界塑造成另一个样子。虽然一部分西方国家反对全球化的声音从未停息，但全球化的趋势已无可逆转，当下人工智能在各领域的应用和科学技术的飞速发展，世界将进入人类命运共同体的管理体系。如中国提出的"一带一路"倡议，作为促进国际经济合作、加强全方位互联互通、促进产能合作和扩大就业的重要平台，已然让全球化上了一个新台阶。

现代社会的业态融合正在改变人类的生活方式，也预示着竞融关系的形成，不同产业之间的界限逐渐变得模糊，新兴产业和新的商业模式不断涌现，这就要求在城市规划时，无论是产业还是空间，均需具有其独特性和通适性。独特性意味着要根据城市的实际情况和自身特色进行规划，打造出具有地方特色的城市风貌；

通适性则意味着要考虑到未来的发展趋势和需求，使规划具有前瞻性和可持续性。

　　同时，建筑设计和空间规划也需要反映出对文明进步的尊重和对科技进步的审慎应用。城市不应成为千篇一律的钢筋混凝土森林，而应是一个充满活力、兼具美感与实用性的城市生态空间。在这个过程中，保护和弘扬地方文化、历史传统和自然生态环境的重要性不言而喻。建筑与城市的特色应当根植于本土的地域特性和生活方式，同时也要适应全球化带来的文化交流和融合。这样的城市设计不仅能够保持独特的城市特色，还能在全球化的大背景下逐渐消隐人为的界限，实现文化的交融和经济的共赢。

■　现代建筑像一个没有教养的男孩长成了野心勃勃的青年，几番自以为是之后，中年危机如约而至。"礼失而求诸野"，礼失更要求诸生活。即使文化的乡野、文明的旷野都被蚕食殆尽，生而为人，我们总还可以反求诸己，在平常而真实的日子中去感知尺度和分寸，明辨哪些是真正需要的，哪些是彻底荒谬的。

——赵扬《造一所不抗拒生活的房子》

集聚
的能量　　——城市更新背景下
"新产城融合·工业上楼"的
探索与实践

1.2 时代变迁中的建筑设计

　　时代的发展总是伴随着技术的革新和文化的交融，建筑设计作为时代变迁的重要见证者，不仅承载着历史的记忆，也映射着未来的愿景。从古代的《周礼》到中华人民共和国成立后的建筑革新，再到改革开放带来的市场活力，建筑设计行业始终在不断演进中展现其独特的价值和魅力。

　　建筑设计的演变，是与国家的发展步伐紧密相连的。在中国快速发展的宏观背景下，建筑设计行业经历了从传统到现代的转型，从单一到多元的发展，以及从国内到国际的视野拓展。这一切的变革，不仅推动了建筑设计行业的自身进步，也为城市的可持续发展和产业生态的优化提供了强有力的支撑。

　　在此过程中，深圳及其所在的粤港澳大湾区以其独特的地理位置和经济活力，成为建筑设计行业发展的重要舞台之一，展现了产业生态与空间布局协同发展的典范。

（一）中国现当代的建筑革新

　　历史上，中国并不是一个科学技术和工业水平落后的国家，英国著名科学史专家李约瑟（J. Needham）在其7卷本34册的巨著《中国科学技术史》中记载，中国在公元3世纪到13世纪之间保持着一个西方世界所望尘莫及的科学知识水平。很显然，这是一个客观的评价，并在中国传统建筑的技术水平上得到了突出表现和验证。

　　记录周代礼制最为详备的《周礼》，有许多关于建筑营造的表述："以土圭之法测土深，正日景以求地中。日南则景短，多暑；日北则景长，多寒；日东则景夕，多风；日西则景朝，多阴……"里面说到的"圭"，又称"量天尺"，即在地上放一把尺子测量日影，总结日影的规律，作为判断建筑效果的依据。这可以说是用科学技术指导建筑设计的开始。

中华人民共和国成立之后，国家对城镇化建设的需求日益增长，直接推动了建筑设计行业的快速发展。在1953年制定的第一个五年计划中，国家为基础设施建设绘出了宏伟的蓝图。为了尽快把新中国从一个以农业生产为主的社会转变为工业化的社会，政府实行了中央计划经济，国有设计院为实现社会主义建设目标发挥了重要作用。凭借其协调大型设计专业团队的能力，设计院能够满足社会主义工业化初期建设的需要。众多在国家部委直属及省、市、区（县）设立的设计院，负责设计了首都及各省会城市、地区和县城的大多数建筑。为服务中国的外交工作，国有设计院还为亚洲和非洲等地区的发展中国家完成了数百个援建项目，获得了热烈反响。但在特殊时期，许多设计院被迫关闭，直到20世纪70年代中后期，设计院才慢慢恢复了经营能力，并逐渐在设计实践中恢复其业务。

20世纪80年代初，中国实行改革开放政策，国家逐步从计划经济体制转向市场经济体制，这一重大转型为建筑设计行业带来了翻天覆地的变化。设计院不再仅仅是国家指令性计划的执行者，而开始重视经济效益，积极适应市场需求，投入到激烈的市场竞争中去。这一转变极大地激发了建筑设计行业的活力，释放出了巨大的生产力，为建筑设计市场的发展注入了新的动力。在这一过程中，深圳市以其独特的地理优势和开放的政策环境，迅速崛起为全国乃至全球瞩目的"移民城市"。深圳市的建筑设计行业以其包容性和创造性，成为改革开放的前沿阵地和试验场。众多设计院和设计企业在这里汇聚，通过不断地探索和实践，推动了建筑设计理念、技术和管理的创新，形成了一批具有国际竞争力的优秀设计企业。

这些企业不仅在国内市场占据了重要地位，而且在国际市场上也取得了显著成就。它们通过参与国内外重大项目的竞标和设计，不仅提升了自身的设计水平和品牌影响力，也为推动中国建筑设计行业的国际化作出重要贡献。同时，这些企业还积极参与城市规划、旧城改造、绿色建筑等领域的研究和实践中，为城市的可持续发展提供了有力支持。

此外，市场化改革还促进了建筑设计行业的多元化发展。除了传统的建筑设计企业外，还涌现出一批专注于室内设计、景观设计、照明设计等细分设计市场的专业化公司。这些公司以其专业性和创新能力，满足了市场日益多样化的需求，推动了整个行业的技术进步和产业升级，为后来的"设计之都"①奠定了坚实的基础。随着深圳在建筑设计行业的蓬勃发展，这座城市的影响力逐渐扩散至周边地区，为整个粤港澳大湾区的产业生态和空间布局带来了深远的影响。

■（二）产业生态决定空间布局

粤港澳大湾区的发展历程是中国融入全球经济的缩影，也是中国地区经济协同化的典型案例（关于湾区的概念，第二章将进行更加丰富的阐述）。在粤港澳大湾区，建筑设计行业作为推动城镇化和现代化的关键力量，与其他产业紧密相连，形成了一个错综复杂而又高效协同的产业生态网络。不同城市间的产业协同和专业分工日益明确，形成了一个高度整合的建筑产业链，既促进了区域内建筑设计理念的交流与创新，又加强了建筑技术与新材料的应用与推广。在这样的产业生态下，粤港澳大湾区不仅在建筑设计领域形成了互补与合作的格局，而且在空间布局上也展现出了高度的协调性，不同城市和地区之间的产业分工和协同越来越明显，但在整体上又相互依存，共同构建了产业生态圈，成为中国对外开放和对接"一带一路"倡议的重要窗口和平台，推动着整个大湾区的经济发展。

如今的珠三角地区，已成为具有世界级影响力的制造业基地，拥有完善的产业基础，同时产业圈层感强、产业覆盖面广，珠江东岸的电子信息产业带和珠江西岸的先进装备制造产业带，以及港澳地区的金融、旅游、商贸等现代服务业，为珠三角地区的城市发展提供了源源不断的动力。同时，作为全国性的金融改革创新综合试验区，珠三角地区背靠中国内陆巨大的经济体量，对外则是中国面向东南亚和全世界的桥头堡，具备全球性的视野与政策支撑。

在这样的背景下，如何优化城市空间布局，产业与城市空间如何互导互促，成为珠三角城市更新发展的最大挑战。这些挑战，也让珠三角地区再一次成为全国高质量发展、精细化管理的"排头兵"。全国其他城市在观察珠三角地区的发

---

① 2008年，深圳被联合国教科文组织创意城市网络（UNESCO）授予"设计之都"称号，成为中国第一个获此称号的城市，也是发展中国家第一个获得这项荣誉称号的城市。

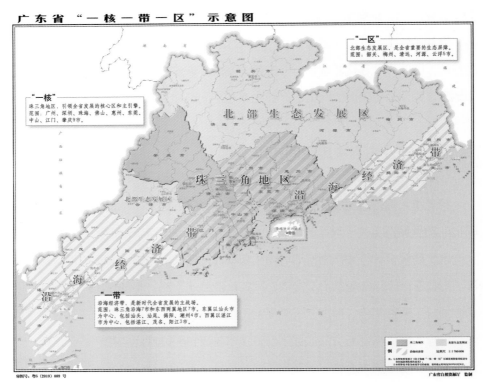

广东省"一核一带一区"区域发展格局

展模式时，也应思考如何借鉴其经验并避免可能出现的相关问题。

　　整体而言，珠三角核心城市的土地开发强度大，但是现阶段资源利用并未达到最优状态，其中深圳发展的土地资源缺乏问题尤为突出。与此同时，由于珠三角地区劳动力大量聚集，城市现有的资源和环境基础难以支撑快速城镇化和城市空间扩张的需求，这就要求从业者无惧艰辛，积极探索与实践，正所谓"路漫漫其修远兮，吾将上下而求索"。

■（三）"工业上楼"与城市更新

　　伴随城市边界消隐而来的，是建筑的"集聚"效应，即尽量通过整体解决方案，以一体化的设计满足产业的需要并解决人们的丰富诉求。各类要素的集聚，既为建筑带来了全新的赋能，也为能满足用户不同需求和期望的创新型建筑带来了竞争优势。尤其是在工业和制造业领域，由于土地空间资源不够，当前全国不少城市都出台了关于"工业上楼"的相关管理细则和标准指引①，使得将来很长一段时间内，"工业上楼"将成为一线或新一线甚至二、三线城市关键区域的重要趋势，引领创新生产力所需的新兴产业空间载体与建筑工业化的双重发展方向。

需要注意的是，关于"工业上楼"建筑产品，最大的痛点不是没有需求，而是没有供给，以及无效空置率与有效供给之间的矛盾，由此形成了一线、新一线城市产业"空心化"与城市转型的严峻挑战。其实，城市产业空间不足的问题是我国改革开放以来城市人口快速增长带来的各省市必须面对和解决的问题，尤其是深圳，从一个小渔村起步，创造性解决问题以及解决创造性问题早已成为这座城市的基因，她是体系与制度更新的拓荒者，也是全国发展的先行示范者。深圳很早就认识到，为了保持城市增长的可持续性，必须敢于拓荒、勇于创新，因此，深圳市在土地政策上先行出台了M0用地政策②、"工业上楼"等相关的政策条文，只是由于当时缺乏战略规划的有效监管和有序执行，未坚持政府导向和公益路径，未形成综合支持政策体系，未出台有含金量的降低成本、增加供给措施，导致前期的M0新型产业空间与"工业上楼"产品出现了一定程度上的异化，部分演变为科技外衣下的房地产项目。不适宜地将工业大厦变更为更高收益的办公、零售和酒店设施，导致制造业空间进一步萎缩，城市产业"空心化"的问题愈加突出，楼宇供需错配进而引发楼宇空置率增高。显然，基础建设在精细化考量方面的缺失等问题，同样限制了城市高质量发展的空间赋能。

但是，正所谓"存在即合理"，产业在迭代，问题也在迭代。一开始模拟城市发展而制定的相关政策是一种"有序"，进行充分的市场化改造之后变成了一种"无序"，随后持续更新（如问题更新、制度更新、城市空间更新等），形成循环往复、从无序重回有序的过程。近年来开始出现的人口负增长现象，跟之前数十年的人口数量快速增长一样，也是一种在"有序"与"无序"之间的持续更新。

如何在城市发展的过程中找到科学理性的平衡，考验着城市领导者全方位的能力。建立理想王国的乌托邦城市也许是不现实的，即使建成也有可能会变成失去循环动力的"死城"，然而问题一直都会存在，这是一种必然，只不过问题也

---

① 详见杨小贞. 向上的力量——用"工业上楼"实践诠释粤港澳大湾区新型产业流向［M］. 北京：中国建筑工业出版社，2022.

② M0（新型产业用地）是2014年版《深圳市城市规划标准与准则》提出的工业用地概念，是一种新的土地用途。

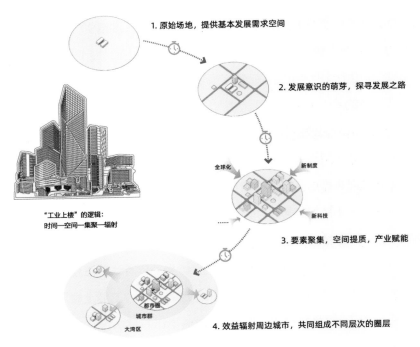

1. 原始场地，提供基本发展需求空间

2. 发展意识的萌芽，探寻发展之路

全球化　新制度

新科技

3. 要素聚集，空间提质，产业赋能

4. 效益辐射周边城市，共同组成不同层次的圈层

都市圈

城市群

大湾区

"工业上楼"的逻辑：
时间—空间—集聚—辐射

"工业上楼"的背后逻辑：时间—空间—集聚—辐射

在一直迭代。因此，向下深耕、向上生长才是我们的唯一选择。

时隔近十年之后，深圳市"工业上楼"积蓄能量，重新出发。2022年6月，深圳市人民政府召开"工业上楼"现场会。2022年11月，深圳推出"工业上楼"计划，连续五年每年建设2000万m²优质、经济、定制化厂房空间，这标志着深圳将"工业上楼"提升为城市战略。计划推出后，短短一个多月时间，就有300多家企业提出超过500万m²的厂房需求，充分彰显了深圳工业发展后劲[①]。伴随"工业上楼"而来的产城融合、城市更新等课题，也将迎来爆发式的积极探讨与深入交流。

■（四）实施路径的探索

根据预测，我国城镇化率在2050年将超过70%，这意味着对于城市空间的探索还有很长的一段路要走。所谓"志合者，不以山海为远"，如何链接城市资源？如何优化城市空间？如何促进产业发展？一系列问题的解决，需要各方共同

---

① 数据来源：《深圳特区报》记者吴德群、罗雅丽2023年1月11日文章。

努力，同时还需要具备在未来不确定性中坚守、坚定以及坚持不懈的精神。

在当下，以市属、区属平台公司为代表的国有资本力量，以实体企业为核心，整合上下游资源，构建一个高效、协同、可持续发展的产业链闭环运营平台体系，是未来城市及城市空间开发、转型、升级、创新的"排头兵"与"主力军"，促进国有企业与民营企业、与村集体股份公司等组织的高效、高质配合，产生业务联动和资源协同。让产业建筑回归公共服务设施属性，对地方国有资本力量、地方龙头企业来说，既是优势所在，也是职责所在。这方面可以借鉴新加坡以裕廊集团为主渠道的模式，以国有资本为主体，吸引社会力量共同参与，打造城市创新型产业空间开发建设的"主力军"。

对企业而言，如何描述自己的特性，找到自己在产业协同网络中的位置，成为将来企业发展的首要任务。许多城市有特色地标的命名，就能很好地体现这一点，比如武汉光谷、深圳湾科技生态园、广州知识城、东莞松山湖科学城、迪拜互联网城、开曼创业城、马来西亚多媒体超级走廊，它们都在尝试描述自己在全球产业网络中的独特性，并用发展的眼光践行着实施路径的探索。

除此之外，伴随人工智能、数字经济时代的到来，建筑设计和城市空间规划也要结合先进的技术手段来进行。建筑设计和城市空间规划虽然都需要导入很强的情感要素，但并不拒绝合理运用先进技术工具——大数据和人工智能可以收集分析城市人口、气候、流量等各种数据，以便更精准地描述城市特征和需求；全息模拟和数字孪生技术，可以将建筑和城市进行数字化模拟，以便更好地实现视觉演示和空间感知，增强建筑设计的可视化和可操作性；物联网、云计算、区块链等技术，可以推动城市的智能化和信息化建设，营造更高效、安全、舒适的居住和生活环境，助推产业迭代升级，同时催生新的经济模式。

城市的精细化设计任重道远，但也充满机遇和挑战。粤港澳大湾区的深圳，关于城市规划、建筑设计、产业发展等各领域的一举一动，自改革开放以来就吸引了无数的目光。在珠江口的两岸，还有另外两个城市也在默默发力，力求在粤港澳大湾区的宏伟蓝图中实现新的突破。

这两个城市，一个被誉为"百岛之市""幸福之城"，是内地唯一与香港、澳门同时陆路相连的城市——珠海；另一个被誉为"世界工厂""品质文化之都"，是大湾区内重要的制造业基地和外向型经济发展高地——东莞。

02

百年机遇

——大湾区城市格局中的双城竞合

2.1 珠海的海洋文明与现代化发展

■（一）珠海经济特区的发展历程

　　珠海市位于广东省南部，珠江口西岸，是"五门"（金星门、磨刀门、鸡啼门、虎跳门、崖门，也称"五派"）之水汇流入海处，东与香港、深圳隔海相望，南与澳门陆地相连，西邻江门市，北与中山市接壤，横琴新区与澳门隔江相望。

　　珠海市的大部分地区自南宋起至民国时期属中山县（原名香山县）辖地，1953年正式定名为珠海县之后，开始有了珠海的称号。作为珠江的出海口与中国南方海洋文明的发祥地之一，珠海的人类历史可上溯到6000年前的新石器时

珠海淇澳新石器时代遗址

图片来源：珠海市地方志编纂委员会. 珠海市志（2001年版）[M]. 珠海：珠海出版社，2001.

代晚期。考古显示，淇澳岛后沙湾、高栏岛宝镜湾、三灶岛草堂湾、横琴岛赤沙湾、南水镇大基湾等地，均发现新石器时代遗址，历史上有原始部落在这里生产生活。

得益于独特的地理位置，珠海市海洋资源丰富，海域辽阔，海岛众多。珠海市总面积1725km²，领海线以内海域面积9348km²，大陆海岸线227.26km，拥有大小岛屿262个，是珠三角城市中海洋面积最大的城市[①]。优越的海洋环境是滨海先民们赖以生存的基础，他们充分利用得天独厚的海洋资源，"行舟楫之便，兴鱼盐之利"。

在全国重点文物保护单位——宝镜湾遗址中，虽然没有发现船只残骸，但这里出土了南海地区最大的史前石锚，同时在留存下来的石刻岩画中发现了中国最早的古帆船图案。岩画以简单的线条勾勒出一幕幕穿越时空的历史画面，拉开了先民们近海捕捞和跨海交流的序幕。这里的原生海洋文明，几乎与中原的大陆农业文明同时发生。

公元前221年，秦王朝完成"横扫六合"之大业，将岭南纳入中原王朝的版图，并在岭南设置桂林、南海、象郡三郡，珠海[②]隶属于南海郡。自此，珠海被纳入以大陆农业文明为主导的王朝统治体系，陆海居民交往日益频繁，珠海的海洋文明与内陆的农耕文明发生汇聚交融，大量人口迁徙定居，珠海的渔盐资源逐渐成为中原王朝资源的一部分。汉族移民的迁入，使得珠海成为广府文化的代表城市之一，也使珠海的原生海洋文明进一步得到继承和汉化，铸造了中华文明的海洋特性。

随着造船技术与航海技术的提高，海上的交流贸易逐渐发展起来。据史学家考证，在南越王时代，珠三角已经有了海外贸易，珠海成为以海上丝绸之路为代表的古代海外贸易的重要通道。几千年来，海上丝绸之路与珠海的历史文化交相辉映，谱写了中外交流史上的华丽篇章，也使珠海的海洋文明得到了进一步的发展。汉唐之后，珠海成为广州与中东、非洲、欧洲国家开展海上贸易的必由之路，见证了海上丝绸之路的繁华景象。

---

① 数据来源：珠海市统计局《2023珠海概览》。
② 1953年之前尚未有"珠海"的地名，为了方便表达，这里统一以"珠海"称呼。

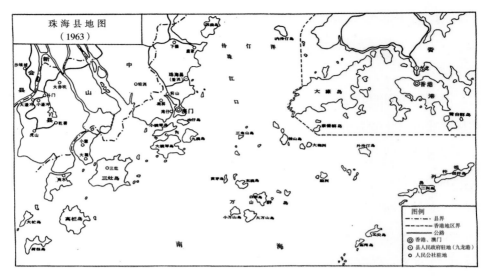

珠海县地图（1963年）

图片来源：珠海市地方志编纂委员会. 珠海市志（2001年版）[M]. 珠海：珠海出版社，2001.

1978年12月，党的十一届三中全会作出了把党和国家工作重心转移到社会主义现代化建设上来、实行改革开放的历史性决策。

1980年8月26日，第五届全国人大常委会第十五次会议正式决定，同意在广东省深圳、珠海、汕头和福建省厦门设立经济特区①。从此，珠海以"经济特区"的身份在历史上翻开了新的篇章。今天，我们还能在珠海拱北口岸广场上看到改革开放总设计师邓小平留下的"珠海经济特区好"题词。这句平白朴实而又充满力量的话，激励和鞭策着一代又一代特区人不畏险阻、奋勇向前。

起初，珠海经济特区的面积只有6.81km²，1983年扩大为15.16km²，1988年扩大为121km²，2009年再扩大至227.46km²。2010年10月1日之后，经济特区范围扩展至珠海全市。

伴随珠海经济特区面积变化的是珠海市的实力跃迁。自经济特区成立之日起，珠海勇立潮头、埋头苦干、敢为人先，明确了建设以工业为主，农渔牧、商业、外贸、旅游、房地产等综合发展的外向型经济方针，兴建基础设施，搞好投资环境，

---

① 其中，深圳经济特区、珠海经济特区于1980年8月26日正式成立，厦门经济特区于1980年10月7日正式成立，汕头经济特区于1981年11月14日正式成立。另有1988年4月成立的海南经济特区以及2010年5月成立的新疆喀什经济特区、霍尔果斯经济特区。

集聚的能量　——城市更新背景下"新产城融合·工业上楼"的探索与实践

并通过广泛的对外接触和引进，为大规模经济开发打基础。在时代浪潮又一次需要向前跨越一步的时候，珠海再一次走在前列，创下了一项又一项全国第一。

- 开办全国第一家"三来一补"企业（补偿贸易企业）香洲毛纺厂，开办全国第一家中外合资酒店石景山酒店，率先探索对外开放、发展社会主义市场经济；
- 首创土地管理"五个统一"的珠海模式，探索以法治保护生态环境，率先颁布城市建设管理"八个统一"和环境保护"八个不准"；
- 创建全国第一个跨境园区珠澳跨境工业区，成为粤港澳三地跨境合作的先行者；
- 在全国首开"百万科技重奖"，一石激起千层浪，全国各地纷纷来珠海取经，珠海迅速成为国内外关注的中国科技体制改革的聚焦点；
- 在全国率先将土地管理、环境保护、城市建设、鼓励科技入股等先行探索上升为地方法规，先后制定52件地方性法规，填补全国立法空白……

多项全国第一见证了珠海经济特区的成长。经过40多年的努力，珠海也交出了一份靓丽的成绩单。

- 1979年，珠海地区的生产总值仅为2.09亿元，人均国内生产总值（GDP）仅为579元。2023年，珠海市实现地区生产总值4233.22亿元，其中第一产业同比增加69.71亿元，第二产业同比增加1872.11亿元，第三产业同比增加2291.39亿元，全体居民人均可支配收入64975元[①]。

珠海撤县建市，特别是成为经济特区之后，发生了翻天覆地的变化，人民群众解放思想、勤劳创业，把珠海从昔日的小渔村、边陲小镇建设成为一个以工业为主导、多业态综合发展、繁荣美丽的现代化海滨城市，为中国的改革开放写下了壮丽的诗篇。

---

① 数据来源：珠海市统计局网站。

珠海市第一个外资工厂香洲毛纺厂开幕仪式
图片来源：珠海市地方志编纂委员会. 珠海市志（2001
年版）［M］. 珠海：珠海出版社，2001.

珠海第一家外资兴办的旅游企业石景山旅游
中心奠基典礼
图片来源：珠海市地方志编纂委员会. 珠海
市志（2001年版）［M］. 珠海：珠海出版社，
2001.

■（二）珠海在粤港澳大湾区中的角色与定位

2019年初，中共中央、国务院正式印发《粤港澳大湾区发展规划纲要》，将珠海定位为粤港澳大湾区的重要节点城市。这个定位，对于珠海而言有重要的意义。

从概念上来说，都市圈、城市群、湾区属于不同的层次。都市圈是由中心城市辐射而来、以1小时通勤圈为基本范围的城镇化空间形态，比如广州都市圈、深圳都市圈；城市群是在都市圈的基础上，由若干个都市圈组合而成的城市结构，不同城市之间存在经济、产业上的分工与合作，例如京津冀城市群、珠三角城市群、长三角城市群；湾区是在城市群的基础上，由城市群与海洋经济组成的结合体，代表了海洋经济发展的最高水平，可以形成"中心城市+港口群+产业群+城市群"的多重效应。

湾区虽然脱胎于城市群，但城市群却未必有湾区的海洋经济特征。从珠三角城市群到粤港澳大湾区，意味着珠三角城市群的全面升级，也意味着其拥有作为国家对外门户的高度定位。

随着《横琴粤澳深度合作区建设总体方案》的出台与落实推进，以横琴、前海、南沙、河套为主的粤港澳大湾区重大合作平台体系框架日益清晰完善。同粤港澳大湾区中心城市的协同发展，将使珠海经济特区的区域协作化水平得到进一步提升。随着区域一体化的深入实践，对于缩小地区发展差距、实现资源优势互补、巩固"一国两制"基本制度等也将大有裨益，并已经取得了显著成效。粤港澳大湾区已经形成的金融业、互联网业、装备制造业、电子信息产业集群，以及在生物医药、新能源、新材料、5G（第五代移动通信技术）和移动互联网等高新产业的积极探索，为珠海的产业振兴和"二次"创业提供了良好的基础和绝佳的机会。

　　与此同时，在人口结构变化和人才结构优化的推动下，珠海的经济发展取得了显著成效。城市的产业结构不断升级，高新技术产业和现代服务业蓬勃发展，为珠海的经济增长注入了新的动力。此外，城市的公共服务水平也得到了显著提升，教育、医疗、文化等领域的建设不断完善，为居民提供了更加优质的生活体验。

　　未来，珠海将继续深化人口结构变化和人才结构优化的工作，努力打造成为全球人才聚集和科技创新的高地。珠海将通过不断优化城市环境和服务水平，继续在人才政策、产业升级、生态保护等方面进行探索和创新，吸引更多国内外优秀人才来到珠海，以期在全球城市竞争中占据更有利的位置。

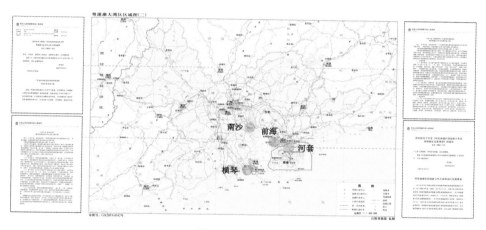

横琴、前海、南沙、河套在粤港澳大湾区的位置及相关文件

2.2 东莞，从"世界工厂"到科技之城

■ （一）农业东莞、工业东莞、科技东莞

东莞市位于广东省中南部，珠江口东岸，穗深港经济走廊中段，西、北靠广州，南连深圳，东邻惠州。东晋咸和六年（331年）立县，初名宝安，唐至德二年（757年）更名为东莞，因在广州之东并且境内盛产莞草而得名。1985年9月，东莞撤县建市，1988年1月升格为地级市，由此开启了现代化的篇章。

东莞的古代史，最早可以追溯到5000年前的新石器时代，当时的蚝岗人在这里狩猎、打渔，繁衍生息，留下了珠三角地区最早的史前人类聚落的印记。勤劳智慧的先民们，在这片肥沃的土地上留下了生活的痕迹，更在农业时代以其优越的自然条件，将东莞塑造成为一个重要的农业生产基地。

考古学家的调查揭示了东莞东江沿岸至今仍分布的20多处古遗址，其中南城蚝岗、企石万福庵、石排龙眼岗、虎门村头等9处进行了考古发掘。这些距今5000多年至2500年的遗址，不仅构建了广东东江流域完整的史前文化序列，更是研究岭南史前文明起源的宝贵遗存。

东莞史前及先秦遗址考古发掘一览表

名称	地点	年代	调查、发掘时间
蚝岗贝丘遗址	南城街道	距今约5000年	1990年、2003年
万福庵贝丘遗址	企石镇	距今约5000年	1961—2001年4次发掘
圆洲贝丘遗址	石排镇	距今约4000～3500年	1998年

名称	地点	年代	调查、发掘时间
村头村遗址	虎门镇	距今约3650~3000年	1989年、1993年
榕树岭遗址	谢岗镇	距今约3500年（商早期）	2005年
竹头角遗址	谢岗镇	距今约3000~2500年（西周至春秋）	2005年
打鼓岭遗址	谢岗镇	距今约2500年（战国时期）	2005年
柏洲边遗址	东城街道	战国晚期至秦汉初	2001年、2006年
峡口遗址	东城街道	距今约2500年（战国时期）	1990年

资料来源：东莞城市历史文化特色与价值研究课题组. 东莞城市历史文化特色与价值研究［M］. 上海：上海古籍出版社，2015.

秦汉以来，东莞借助毗邻广州、扼守珠江出海口的地理区位优势，成为海上丝绸之路航道上的重要节点。在古代，东莞不仅是岭南重要的海防重镇，更是保障南海海上丝绸之路通畅、促进商贸往来的关键所在。此外，东莞还是岭南海盐生产中心和供应基地，海盐产量和销售范围在珠三角地区首屈一指，这里的盐田，如同珍珠般点缀在海岸线上，为珠三角地区古代经济的繁荣贡献了不可或缺的力量。

东莞也是中国近代史的重要开篇地，清朝道光年间（1839年），东莞发生了震惊中外的虎门销烟事件。这一壮举，不仅是人类历史上"旷古未有"的禁毒行动，更是反对西方资产阶级贸易掠夺的重大胜利，正如牟安世在《鸦片战争》中所述，"为中国近代史写下了光辉的第一章"[1]。虎门销烟事件成为战争导火线，标志着中国近代史开端的鸦片战争首先在东莞打响，东莞军民的抗英斗争不仅展现了民族的不屈精神，也深刻影响了战争局势的发展，为后世留下了宝贵的精神财富。

可以说，东莞这座城市承载的历史荣耀与挑战，见证了民族的崛起与抗争。她的故事，如同一部波澜壮阔的史诗，激励着我们不断前行，铭记历史，开创未来。

20世纪中叶，中国工业化的浪潮袭来，东莞开始崭露头角。1978年改革开放后，东莞通过引进外资、内地人才和劳动力，迅速崛起成为全国瞩目的制造业基地，因此被誉为"世界工厂"，创造了令人瞩目的"东莞奇迹"，成为中国最具活力、经济最活跃的新兴工业城市，成为现代制造业的名城，更是中国改革开放的先进典型。

---

[1] 牟安世. 鸦片战争［M］. 上海：上海人民出版社，1982：127.

1992年，邓小平的南方谈话如同一剂强心针，激发了东莞的无限潜能。东莞明确提出要加快城镇化进程，按照现代化城市格局进行规划、建设和管理，建设一个以城区为中心，镇为卫星城市，村为小市镇的组团式现代化新型城市，城乡一体，用现代化交通和通信网络紧密相连。这是对有中国特色的农村城镇化之路的大胆探索。1993年10月，中共中央办公厅调研室到东莞调研，形成了《东莞之路——我国沿海农村通过工业化走向现代化的一条现实道路》的调查报告。报告指出，东莞正在经历着从农村走向现代化城市的历史性转变；为加快经济建设提供了有普遍意义的经验。东莞的城镇化道路对我国实现现代化有着重要的启示作用[①]。

　　从行政区划上就能看出东莞城镇化道路跟其他城市的不同：东莞不设区县，只有市和镇（或街道）两级建制[②]。东莞的各个镇自成一体，每个镇都有自己的中心区，集中了镇上的商业配套，充分体现"世界工厂"制造业实力的工业园区则分布在镇下面的村（或社区）。这种"自下而上"的生长方式，使得东莞每个镇都形成了各自的特色：虎门的服装，厚街的皮革皮具和大岭山的家具，大朗的

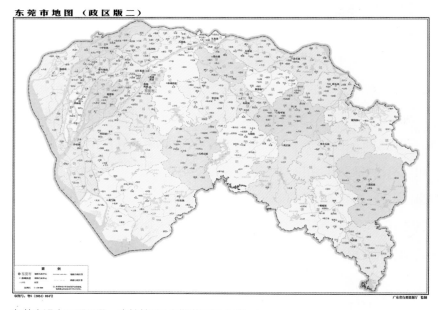

东莞市没有下属区县，直接管理4个街道和28个镇

---

① 中共东莞市委办公室. 从农村走向城市——东莞现代化之路 [M]. 北京：人民出版社，1994.

② 不设区县的地级市也被称为"直筒子市"，全国一共有5个：广东省东莞市、中山市，海南省三沙市、儋州市，甘肃省嘉峪关市。这5个城市直接下辖乡、镇、街道。

毛织品，长安的五金模具；以中堂为中心的牛仔服洗水印染产业，清溪和石碣的电子信息产业，桥头的环保包装产业……穿梭在东莞的不同镇街，仿佛置身于一个多元化的产业大观园，可以深切感受到东莞发展的独特魅力与活力。

城镇化道路的探索取得显著成果并引起广泛关注后，东莞并未放慢脚步，而是不断夯实基础，持续稳步向前发展。2021年，东莞的地区生产总值首次突破1万亿，这意味着东莞仅用不到10年（2012—2021年）的时间就让GDP连跨5个千亿大关，由5019.51亿元跃升至10855.35亿元；也意味着东莞平均每平方公里土地的GDP超过4亿元，地均GDP超过了广州、佛山、无锡、苏州、南京等城市。在此过程中，制造业一直是东莞的立市之本和核心竞争力，是这座城市持续发展的不竭动力。

东莞市2010—2023年地区生产总值统计[①]

年份（年）	地区生产总值（单位：亿元）	增速
2010	4246.25	10.3%
2011	4735.39	8.0%
2012	5019.51	6.1%
2013	5490.02	9.8%
2014	5881.18	7.8%
2015	6275.06	8.0%
2016	6827.70	8.1%
2017	7582.12	8.1%
2018	8278.59	7.4%
2019	9482.50	7.4%
2020	9650.19	1.1%
2021	10855.35	8.2%
2022	11200.32	0.6%
2023	11438.13	2.6%

然而，随着东莞制造业的迅猛发展，其载体逐渐趋于饱和。造成这一现象的主要原因在于，传统产业在技术创新和市场变化的浪潮中，越来越跟不上时代发

---

① 数据来源：东莞市统计局、东莞地情资料数据库。

展的需求。为了推动城市产业的优化升级，必须用具有更高附加值和创新能力的新兴产业进行替换，而新兴产业的发展需要与之相匹配的新兴产业载体，这些载体在空间规划、设施配备、服务功能等方面都有着更高的要求。因此，开拓有精准匹配度的新兴产业载体成为东莞产业发展的当务之急。不仅如此，东莞紧邻深圳，作为深圳科技创新的有力补充，东莞在承接科技创新应用、产业转移和成果转化等方面正在发挥越来越重要的作用，凭借自身的产业基础、成本优势和地理区位，东莞为深圳的创新成果提供了广阔的应用场景和产业化空间，成为深圳科技创新辐射带动的重要区域。

近年来，东莞这座充满活力的城市正在积极拥抱科技创新的浪潮，构建起一个从源头创新到技术创新，再到产业化应用的完整科技创新体系。2022年，东

"一主"	中心城区作为全市唯一的行政文化、金融商贸、公共服务中心，是展示东莞市现代化都市形象的主要区域
"两副"	滨海湾、松山湖副中心以科技创新为主要职能，其资源要素配置紧紧围绕科技创新这一核心职能进行，体现制造立市的城市特征
"六片区"	"中心协同"片包括城区片区、松山湖片区与滨海片区； "特色均衡"片包括临深片区、水乡片区、东部片区

东莞市"一主两副六片区"城镇体系示意图

图片来源：东莞市自然资源局.《东莞市国土空间总体规划（2020—2035年）（草案）》公示读本

莞提出打造"科技创新+先进制造"的城市特色，站在"双万"新起点①上开启全新的征程。根据《东莞市国土空间总体规划（2020—2035年）（草案）》，东莞将形成"一主两副六片区"的城镇体系，其中中心城区作为全市唯一的行政文化、金融商贸、公共服务中心，滨海湾和松山湖作为副中心，肩负起科技创新的重要职能。这一宏大的规划，为东莞的科技创新和先进制造领域提供了前所未有的发展机遇。在这一规划的指引下，东莞的科技创新和先进制造产业正朝着高端化、智能化、绿色化的方向发展。各片区之间将形成优势互补、协同发展的良好局面，共同推动东莞经济社会的全面进步。

■（二）东莞对大湾区城市经济发展的启示

欲穷千里目，更上一层楼。回顾40多年来的改革发展历程，东莞能取得如今令人瞩目的成就，有五个不容忽视的重要因素。第一，依托地理区位优势，东莞的港口成为对外贸易的重要通道，为经济的外向型发展提供了有力支撑；第二，积极引进生产要素，无论是早期的"三来一补"模式，还是后续多样化的招商引资举措，都为东莞带来了丰富的资金、技术和管理经验，极大地促进了产业的落地、发展与升级；第三，充分利用土地与劳动力优势，广泛动员每个村镇参与经济建设，并通过优惠政策和良好的就业环境吸引大量外来人口，为经济发展提供充足的劳动力资源；第四，设立专门机构，如对外加工装配办公室等，为企业提供从洽谈、签约到工商登记、报关等"一条龙"的高效服务，极大地优化了营商环境，提高了办事效率；第五，东莞在建设基础设施和工业用房方面勇于探索适合自身发展的创新模式，全国第一座以"集资建桥，收费还贷"方式建造的高埗大桥成功落成，之后石龙南桥、万江大桥等也采用同样的集资方式相继建成，为广东省乃至全国贡献了"以桥养桥，以路养路，过桥收费，收费还贷"的新型投资体制。全国首批支撑产业升级、载体创新的特殊用地政策（M1+产业转型升级基地政策）的成功落地项目松湖·智谷、凤岗T5产业园，也是东莞在

---

① 2020年，东莞常住人口首次突破1000万人，成为广东省第三个常住人口超过1000万人的大市。"双万"指的就是东莞的地区生产总值突破1万亿元+常住人口超过1000万人。

2024年1月27日是高埗大桥（旧址）通车40周年纪念日，左图为高埗大桥通车典礼现场，右图为高埗大桥新桥与旁边的旧址

产业发展与空间利用创新上的有力见证。

科学规划、产业升级、生态保护和文化建设是推动城市可持续发展的关键，正是凭借着这些显著的优势和创新举措，东莞在过去取得了辉煌成就。东莞经济的快速发展有力地证明，当一座城市同时具备地理优势和稳定的发展环境时，将会创造出丰富的发展机会，充分释放其内在的发展潜力。但在新的发展阶段，东莞也面临着一系列亟待解决的问题。

进入全面深化改革新时代，日益增长的社会需求和不断变化的国际经济局势，对东莞市和粤港澳大湾区都提出了新的挑战。为了适应这种变化并实现可持续发展，必须积极寻求创新和突破，改革开放初期的生产要素大多已经不适用于当下情境，产业结构亟待优化升级。

过去的手工制造业存在技术水平有限、生产效率低下、资源消耗严重等问题，已然不符合当下经济高质量发展的需求以及产业结构优化升级的趋势。而以大科学装置为代表的先进生产力，凭借其高精度、智能化和高效能等显著优势，成为驱动产业转型升级的强大引擎；以高端芯片研发为代表的前沿技术，则凭借其创新性和引领性，为产业发展注入了新的活力。这些先进生产力、先进生产要素结合大湾区的港口交通优势，不仅强化了东莞的电子信息、服装纺织等传统优势产业链，而且成功打造了如人工智能、生物医药等新兴产业链。同时，借助大数据分析和云计算服务等新兴手段，进一步提升了产业链的运作效率和创新能力，推动了产业的智能化和数字化发展，使得东莞的产业链动更强，产业结构更合理、更具国际竞争力。

如前所述，由于早期规划的局限性以及产业发展的阶段性特征，过去东莞虽然有一定的土地和空间优势，但也产生了土地利用方式较为粗放、产业布局不够合理等问题，导致如今可用土地和空间紧张。为了突破土地资源的瓶颈，实现可持续发展，东莞需要再造土地和空间优势，这就要求东莞通过加快城市更新、推动"工业上楼"、优化土地供应结构、加强土地节约集约利用等手段，创新空间利用模式，并打造出一批具有示范效应的现代化建筑和产业社区。

产业不断更新迭代，组织机制和资产管理模式等方面也需要不断创新，以适应产业发展的新需求和新趋势。例如在生物技术领域，东莞市生物技术产业发展有限公司作为全市唯一国有推动生物技术产业发展的专业平台，自2012年12月19日成立以来，围绕生物技术产业逐步发展形成产业园开发和建设、产业投资和产业公共服务等三大主营业务，从全产业链着手，整合政策、资金、项目和市场等资源，与合作伙伴协同互补，以融合发展的理念，促进产业的协同发展[①]。东莞松山湖科学城发展集团有限公司、腾讯云（松山湖）数字经济产业基地等平台的成立，也充分彰显了东莞在优化产业组织架构、整合资源方面的坚定决心和有效举措，是全面深化改革过程中的重要探索和积极实践，为东莞的产业发展注入了新的活力和动力，推动了产业的集聚和升级。

归根到底，一切发展都离不开文化的影响。东莞这座具有深厚岭南文化底蕴的城市，以其务实、开放、包容的特质，通过优化城市空间布局和产业布局，为不同类型的产业和人才提供了适宜的发展空间。一方面，随着高学历、高技能人才的不断涌入，东莞的人才结构持续优化，使城市的发展从"规模聚集"转向"功能提升"，为城市的创新发展提供了强大动力；另一方面，随着城市功能的完善和生活品质的提升，东莞的人口吸引力不断增强，吸引了越来越多的外来人口前来定居，"新莞人"和"老莞人"融洽共处，共同为这座城市的发展贡献力量。

粤港澳大湾区各城市2019—2023年常住人口数据　　　　（单位：万人）

序号	城市	2023年	比上一年新增	2022年	比上一年新增	2021年	比上一年新增	2020年	比上一年新增	2019年
1	广州	1882.70	9.29	1873.41	−7.65	1881.06	7.03	1874.03	42.82	1831.21
2	深圳	1779.01	12.83	1766.18	−1.98	1768.16	4.78	1763.38	52.98	1710.40
3	东莞	1048.53	4.83	1043.70	−9.98	1053.68	5.32	1048.36	2.86	1045.50

---

① 资料来源：松山湖高新区年鉴编纂委员会. 松山湖高新区年鉴2023［M］. 郑州：中州古籍出版社，2023.

序号	城市	2023年	比上一年新增	2022年	比上一年新增	2021年	比上一年新增	2020年	比上一年新增	2019年
4	佛山	961.54	6.31	955.23	−6.03	961.26	9.38	951.88	8.74	943.14
5	惠州	607.34	2.32	605.02	−1.58	606.60	0.88	605.72	8.49	597.23
6	珠海	249.41	1.69	247.72	1.05	246.67	1.71	244.96	11.78	233.18
7	中山	445.82	2.71	443.11	−3.58	446.69	3.58	443.11	4.38	438.73
8	江门	482.24	0.02	482.22	−1.29	483.51	3.10	480.41	5.09	475.32
9	肇庆	413.17	0.33	412.84	−0.13	412.97	1.28	411.69	2.45	409.24

数据来源：各市统计局公开数据。

　　"千磨万击还坚劲，任尔东西南北风。"无论是改革开放初期还是全面深化改革的当下，东莞的城市建设和发展始终以一种探索和引领的姿态，在粤港澳大湾区持续焕发新的活力，并凭借其独特魅力和无限潜力，吸引世界的目光。这座城市的创新精神和开放格局，不仅为自身的发展注入了强大的动力，更为全球的科技进步和产业升级提供了宝贵的经验和启示。未来，东莞将继续秉持开放包容的理念，深化改革创新，在全球经济一体化的浪潮中勇立潮头，书写更加辉煌的篇章！

2.3 深中通道与大湾区的产业新纪元

摊开粤港澳大湾区地图，可以看到伶仃洋犹如一枚楔子嵌入珠江入海口，将海岸线划分为东西两岸，在大湾区内部形成一道"黄金内湾"。从东江口至珠江口的狮子洋到珠江口外的伶仃洋，这片广袤的海域不仅是自然赋予的地理奇观，更是大湾区城市发展脉络的见证者。从北向南依次跨越东西两岸的黄埔大桥、南沙大桥、虎门大桥、港珠澳大桥如同一道道绚丽的飞虹在两岸"穿针引线"，串联起大湾区的繁荣。

虽然这些宏伟的桥梁极大地促进了两岸的经济交流与合作，然而，两岸的交流仍然不够充分，尤其是"深莞惠"和"珠中江"两大城市群，它们在产业协同、资源共享、人才流动等方面还存在着一定的阻碍和限制。值得欣喜的是，随着一系列重大交通工程的推进和政策措施的落实，这些问题正逐步得到解决，使得城市与城市之间的竞融关系朝着更加平衡、协调的方向发展。

2024年6月30日，深中通道正式通车，这一超级工程的开通，不仅在环珠江口100km的黄金内湾交通网络中画上了关键"一横"，更标志着大湾区交通一体化正在书写新的里程碑。深中通道全长24km，东起深圳宝安，向西跨越珠江口，在中山马鞍岛登陆，并通过支线连接广州南沙。正是这关键"一横"，不仅实现了深圳都市圈、广州都市圈与珠江口西岸都市圈的公路直通，更使得大湾区"黄金内湾"形成了闭环连接，珠江口东西两岸的"深莞惠"与"珠中江"两大城市群得以跨海直连，为区域经济发展注入了新的活力。

深中通道别具一格地采用了"东隧西桥"的设计方案，仅用4个月时间，一座雄伟壮观的人工岛便在伶仃洋海面上横空出世。其后，深中通道在水下30多

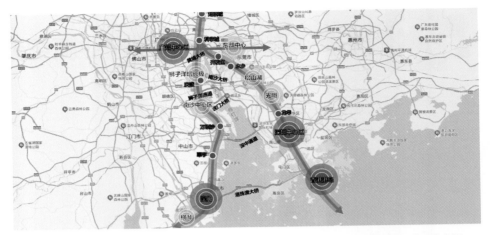

由北向南依次为穿越狮子洋和伶仃洋的黄埔大桥、南沙大桥、虎门大桥、深中通道与港珠澳大桥
底图来源：百度地图

米成功实现"深海筑基"，使得桥面在高达91m之处巍然屹立。

深中通道的开通，不仅是一次交通工程的胜利，更是大湾区产业协同发展的新起点。随着区域一体化进程的加速，大湾区各城市之间"硬连通"与"软联通"的重要性愈发凸显——以深中通道为代表的"硬连通"的基础设施建设，无疑在地理上拉近了大湾区城市间的距离，而注重规则衔接、机制对接的"软联通"的推进，则在更深层次促进了区域内的人员往来、文化交流和产业互通，为大湾区城市的经济融合与生活融合提供了更为便捷的条件。

■（一）从"硬连通"到"软联通"，区域经济的深度赋能

都市圈的本质在于同城化，其外在表征为通勤圈，便捷的交通是城市就业人口通勤和货物流通不可或缺的必要条件，同时有力推动了城市空间的优化利用。

深中通道这一聚合"桥、岛、隧、水下互通"于一体的超级工程，不仅为大湾区的交通与出行带来具有划时代意义的变革，更昭示着未来大国重器和先进制造技术为区域经济发展深度赋能的广阔前景。

此项超级工程，将珠江口东西两岸的深圳、中山之间原本长达2小时的车程大幅缩减至30分钟以内，强有力地推动了大湾区一小时生活圈的形成，为粤港澳大湾区融合高质量发展按下"加速键"，成为点燃湾区新质生产力的强劲新引

广州·"实验1号"科学考察船

惠州·强流重离子加速器

东莞·散裂中子源

江门·中微子实验室

分布在珠江口两岸的大科学装置

擎。更为关键的是，深中通道在推动大湾区的融合发展进程中发挥着至关重要的作用，其将在要素流动、产业分工和治理协同等诸多关键领域产生积极的带动效应。

深中通道的顺利竣工和通车，还成功构建起了基建投资与制造升级深度融合的"全新范式"。过去谈及投资，常常按基建投资、房地产投资和制造业投资三种类别进行划分，这三类投资之间似乎泾渭分明、界限清晰而明确。其中，基建投资时常充当对冲经济下行压力的"逆周期"手段，因此一度被戏称为"铁公基"。但实际上，基建投资和先进制造技术绝不是"非此即彼"的对立关系，过去的基建投资主要依赖"量"的大幅扩张增长，而未来的基建投资，将以结合当代制造领域最新"黑科技"为显著特征，以超级工

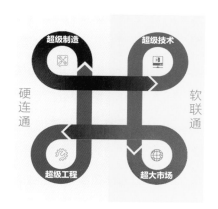

超级制造、超级工程、超级技术、
超大市场的深度融合与有机循环

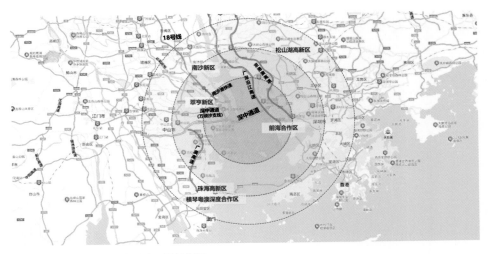

深中通道对珠海、东莞的影响和辐射作用

底图来源：百度地图

程作为有效载体，依靠"质"的有效提升，因而成为突破以往传统理论和实践框架的创新型"新基建"。

如果说基础设施建设方面的"硬连通"是骨骼，那么人员、文化、产业等方面的"软联通"便是血肉，两者相辅相成、互为补充，可以有效激活粤港澳大湾区的超级制造、超级工程、超级技术和超大市场，实现四者的深度融合与有机循环，在应用端和成果端创造更多价值和可能性，从而打造驱动大湾区经济增长的全新动力源。

在大湾区这片充满活力的土地上，城市间产业发展的关系，早已不再是简单的转移，而是一种深度的分工协同，共同构建起现代化的产业链和产业体系。深中通道的建成，正是这一协同理念的生动体现，它不仅连接了"深莞惠"与"珠中江"，更将两大功能团的产业潜力和创新动力紧密相连，推动了区域产业的均衡发展和空间结构的优化。

以珠海和东莞这两座代表性城市为例，对于珠海而言，深中通道不仅缩短了珠海与深圳、东莞的时空距离，更加强了其作为大湾区西部桥头堡的战略地位，珠海的海洋资源、高新技术产业以及旅游服务业，将得到更广阔的市场空间和合作机会。东莞作为制造业大市，深中通道的开通有助于其与珠江口西岸城市在产业链上实现深度融合，并推动产业协同发展和区域经济一体化进程。

■■（二）构筑大湾区产业融合新高地

纵观整个粤港澳大湾区，珠海是粤港澳大湾区"9+2"①所有城市中海洋面积最大、岛屿最多、海岸线最长且极具对外开放优势（跟香港、澳门海陆相通）的城市，无论在古代、近代还是现代，珠海始终秉承着兼容并蓄的开放基因，以独特方式奏响了向"海"图强、向"海"而兴的强音。然而，尽管珠海的第三产业在三次产业结构中占比最大②，但跟其得天独厚的资源禀赋相比，珠海的休闲旅游业和高端服务业对标国际水平还有很大的提升空间。这里面有其自身的客观原因，即珠海位于珠江口西岸，受到地球科氏力③的影响，河流入海时会往西偏转，导致西岸地区往往容易形成淤泥沉积，使得珠海城市周边难以获得湛蓝海水和优质海滩。但一个更重要的原因是，针对高端旅游消费群体这个细分市场，珠海过去未能充分开发出丰富多样的高端（定制）旅游产品和配套设施，无法全方位契合全球高端游客的高品质旅游休闲需求。从这个角度来说，整个粤港澳大湾区也还没有打造出对标世界顶级水平的休闲旅游体系和高端服务业——而这一切也与高端产业的关联十分密切。深中通道的建成，能够使珠海更有效地吸引和服务高端旅游消费群体，推动休闲旅游业和高端服务业的快速发展。

通过深入分析世界顶级的高端旅游服务业资源，可以深刻地感受到，充分挖掘和利用海岛的独特资源，不仅能够有力推动服务业的蓬勃发展，还能促进城市与周边地区的协作与互动，进而推动区域经济一体化发展，将产业生态提升到一个全新的能级和高度。在粤港澳大湾区各城市中，珠海在成本、政策、资源等方面的显著优势，为高端产业和高端服务业提供了集聚效应的良好土壤，珠海的政策指引、顶层设计、空间布局、实施路径等一系列举措将影响珠海乃至整个大湾区在新一轮经济发展中的走向。

近年来，珠海将"产业第一、交通提升、城市跨越、民生为要"作为工作总

---

① 指粤港澳大湾区的广州、深圳、佛山、东莞、珠海、惠州、中山、江门、肇庆9个城市和香港、澳门2个特别行政区。

② 2022年，珠海三次产业结构为1.5∶44.7∶53.8（数据来源：《2022年珠海市国民经济和社会发展统计公报》）。

③ 又称"地转偏向力"，是由地球自转而对运动物体产生的作用力，对季风环流、气团运行、洋流与河流的运动方向及其他许多自然现象有明显的影响，如北半球河流多有冲向右岸的倾向。

抓手，牢记初心使命，敢想敢谋，用好大港口、大机场、大交通的基础优势，以更大的魄力、更高的起点推进改革开放，加速"二次创业"发展，为助力粤港澳大湾区发展与我国全面建设社会主义现代化国家、实现第二个百年奋斗目标作出新的贡献。

为了持续向世界顶级水平的休闲旅游体系和"高端产业+高端服务业"迈进，以更高的质量发展海洋、利用海洋，探索更具珠海特色的向"海"图强新路径，珠海市在努力打造诸如格力东澳大酒店、珠海东澳岛万豪度假酒店、阿丽拉东澳岛·珠海酒店和大万山岛静云山庄等高端海岛酒店集群的同时，还积极发挥政企合力，全力构建高质量现代海洋产业体系。格力集团作为珠海市的龙头国企，依托多年来深耕东澳岛建设开发的丰富经验，近年来快速推进海洋牧场综合体开发、海岛旅游开发、海工装备制造、海上风电等现代海洋经济产业全链条布局，服务于珠海着力开创高质量发展新局面、新征程。随着大湾区城市群的不断融合和发展，珠海有机会在以"高端产业+高端服务业"为代表的更多领域发挥其优势，为大湾区的发展作出更大的贡献。珠海将以优势产业为基础，以高端服务业为突破，以新型产业空间为依托，加强粤港澳三地的融合，有效缓解粤港澳大湾区核心城市的压力，充分实现人类生命的价值，强化大湾区在全球产业链的分工与地位，并在技术突破、社会治理、法律监管等方面承担更多历史使命。

由格力集团投资建设的东澳岛现代海洋牧场示范园"海之舱"

图片来源：王韶江. 深调研② | 解锁"向海图强"的珠海密码，格力集团加速布局现代海洋产业全链条 [EB/OL]. （2023-09-25）[2024-10-30]. https://static.nfapp.southcn.com/content/202309/25/c8138839.html.

地处粤港澳大湾区腹地的东莞，拥有完备的产业链和开放的文化，以往虎门大桥承担着东莞与珠江西岸城市之间的巨大交通压力，在很大程度上制约了东莞的发展。深中通道开通之后，不仅能够有效分流，大大缓解虎门大桥的交通拥堵状况，从而提升东莞与周边城市的交通效率，还能使东莞形成"两头来水"的有利局面，进一步加强东莞与大湾区其他城市的经济联系和产业合作。

在与珠海的互补合作中，东莞能够发挥在制造领域的核心优势，专注于提升制造业的智能化水平，提高生产效率和产品质量，进一步巩固自身在制造业领域的地位。而珠海在高端产业深化转化，并结合高端化旅游、休闲娱乐等方面具有独特的资源和优势，两地的互补合作能够实现资源的优化配置。东莞可以借助珠海的"先天资源"优势，为合作方、企业家甚至企业员工提供更多选择，提高生活品质，从而增强对人才的吸引力。同时，珠海的消费娱乐旅游产业发展较为成熟，能够为东莞的制造业提供更多的高端市场需求和消费场景。

此外，这种互补合作还能够避免城市之间的同质化竞争。东莞和珠海可以不再单纯地比拼产业和空间，而是根据各自的特点和优势，实现差异化发展。例如，东莞重点发展智能制造，凭借其强大的工业基础和技术创新能力，不断推出具有核心竞争力的高端制造产品；珠海侧重于打造高端旅游和服务业，以其优美的自然风光和丰富的旅游项目吸引着世界各地的游客。这种差异化的发展路径，将使得两地在城市竞合关系中共赢互利，形成良好的示范效应。

不难预想，烟波浩渺的伶仃洋，在不久的将来见证大湾区深度融合发展的新愿景。以广州、深圳为首，以东莞和珠海为代表的珠江东西两岸，将在深中通道的助力下，不断深化合作，充分发挥各自优势，实现产业的深化转化、协同创新和共同发展，引领整个区域走向更加开放、协同、创新的发展道路，共同书写大湾区崭新的辉煌篇章！

03

多方合力

——为实现经济目标和发展战略而笃定前行

3.1 珠海格力集团：坚持产业第一，引领产业全面升级

伶仃洋见证着大湾区的深度融合，与此同时，广东国有经济作为国民经济的中坚力量，为广东省的经济腾飞构建了坚实基础和良好环境，为我国第一经济大省的经济发展、社会进步和人民生活改善作出了巨大贡献①。

诞生于珠海经济特区的格力集团，是广东国有经济的重要组成部分，也是珠海市属国有企业的佼佼者。1985年3月，珠海市人民政府决定以公司为主体开发原北岭工业区，创立了格力集团的前身——珠海经济特区工业发展总公司，它的使命是发展特区工业，壮大珠海的经济实力。1991年11月，原属于珠海经济特区工业发展总公司的珠海冠雄塑胶工业公司与珠海海利空调器厂正式合并，改名为"珠海格力电器股份有限公司"，由此格力电器宣告成立，标志着格力向空调航母的方向迈出了坚实的一步。不久之后，珠海经济特区工业发展总公司也改名为"珠海格力集团公司"，并决定把"格力"商标作为集团公司的统一商标，下属企业都可以使用②。

走过极不寻常的39年，格力集团从珠海经济特区工业发展总公司起步，在珠海市委、市政府的坚强领导和社会各界的关怀下，先后孕育出格力电器、格力地产两个上市公司，并组建起了产业投资、建设投资、城市更新、建筑安装、服务运营等核心业务板块。其中，产业投资板块坚持以服务实体经济为出发点，以赋能式投资为产业转型升级和经济高质量发展增添强劲动力；建设投资板块深耕

---

① 参见：李成. 广东国有企业发展历程及功能定位研究（上）[J]. 广东经济，2019（2）：6–19.
② 参见：朱江洪. 朱江洪自传：我执掌格力的24年 [M]. 北京：企业管理出版社，2017.

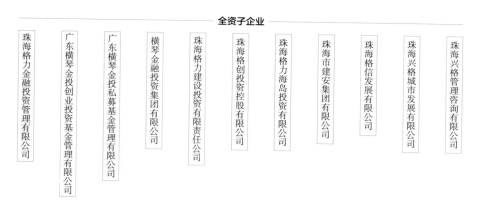

全资子企业

珠海格力金融投资管理有限公司 | 广东横琴金投创业投资基金管理有限公司 | 广东横琴金投私募基金管理有限公司 | 横琴金融投资集团有限公司 | 珠海格力建设投资有限责任公司 | 珠海格创投资控股有限公司 | 珠海格力海岛投资有限公司 | 珠海市建安集团有限公司 | 珠海格信发展有限公司 | 珠海兴格城市发展有限公司 | 珠海兴格管理咨询有限公司

格力集团核心成员企业

"投融资+施工"优势，重点服务珠海5.0产业新空间建设和重大基础设施建设，探索城市建设与运营新模式；城市更新板块秉承"产业引领，城市焕新"的高质量增长式发展理念，为科技创新等产业要素流动焕新空间资源；建筑安装板块拥有建筑工程施工总承包一级等多项资质，承建施工项目屡获国家质量大奖；服务运营板块目标为打造以产业运营为核心，以园区管理、商贸物流、海岛旅游、物业管理为重点的现代服务运营平台，为产业发展培育价值。

近几年，围绕产业发展和城市更新，格力集团采取了一系列行动。坚持"以投促引"延链补链强链、"以投促产"赋能本土企业壮大，格力集团已然成为珠海现代化产业体系建设的先锋队和"主力军"。

■（一）锻造经营发展与管理提升"硬核"实力

2022年3月11日，广东省人民政府国有资产监督管理委员会发布了《关于印发广东省国有重点企业管理提升标杆创建行动标杆企业、标杆项目名单的通知》，格力集团在广东省国资系统遴选范围内40余家企业中脱颖而出，入选标杆企业名单，成为唯一上榜的珠海市属国有企业。格力集团通过五方面举措，锻造经营发展与管理提升"硬核"实力，具体如下。

一是以转型国有资本投资运营平台为新起点，投身市属国有企业改革向"管资本"转变。格力集团高度重视战略引领作用，将原"1+4"战略升级为"五位一体"（资本+创新+产业+建设+运营）综合发展战略，同时推进授权机制改革，厘清责任权限和治理结构，持续深化集团总部管理体系和管理能力建设。

二是以落实国有企业改革行动方案为新动力，打造改革转型典型样板。格力集团以国有资本投资运营试点企业市场化改革为契机，积极探索市场化选聘职业经理人、实行市场化薪酬分配与考核制度，并通过合理增加市场化选聘比例、统筹科学定薪定酬、实行经营业绩评价机制等举措，推动成员企业全面市场化。

三是以推动珠海现代产业体系建设为新使命，争当践行"产业第一"先锋模范。2017—2021年，格力集团累计投资产业引进项目及珠海本地项目57个，总投资额超120亿元；投资近50亿元支持33家本土被投企业做优做强；携手头部机构打造总规模约540亿元、总数达25支的产业基金集群，其中落户珠海基金15支，规模约305亿元；自主投资打造"格创·集城""漫舒·溪里""格创·慧谷""三灶零碳港""格创标准厂房"等一批新型产业载体，并参与建设管理得尔塔光电智能制造产业园一期以及金湾、斗门、高新等行政区和功能区的产业园区设施配套项目，为产业载体建设赋能增效。

四是以引入ISO质量管理体系为新举措，打造创新卓越管理标杆。2018年，格力集团顺利获得ISO 9001：2015质量管理体系认证，成为首家获得该认证的珠海市属国有企业总部。自获得认证以来，格力集团围绕质量方针和质量目标，恪守PDCA原则[①]并持续对制度文件进行评审、修订、更新，推动以"持续改进"为特征的制度活力持续显现，企业管理质量得到显著提升。

五是以维持AAA主体信用等级为新支撑，树立国有资本服务经济社会时代榜样。在严峻复杂的国内外形势下，格力集团进一步增强企业风险防控意识和能力，立足AAA信用等级的过硬融资能力，充分发挥国有企业作为城市建设投融资主体、国有资产经营主体、项目市场化运作主体的投融资运作平台作用。通过维护好战略投资与财务投资平衡，持续增强国有资本服务经济社会发展能力。

2023年，珠海规模以上工业企业累计完成增加值1565.56亿元，同比增长5.8%，其中七大支柱产业累计完成工业增加值1259.95亿元，同比增长5.3%，占全市规模以上工业企业增加值的80.5%。从细分产业看，七大支柱产业中

---

① PDCA原则是指贯彻落实管理过程的循环方法，其将管理过程分解为四个阶段，即P（Plan，计划）、D（Do，执行）、C（Check，检查）、A（Act，行动），是一种非常有效的管理工具。

的家电电气累计完成工业增加值500.49亿元，电子信息累计完成工业增加值235.17亿元，石油化工累计完成工业增加值168.83亿元，天然气开采累计完成工业增加值95.65亿元，生物医药累计完成工业增加值93.07亿元，精密机械制造累计完成工业增加值90.97亿元，电力能源累计完成工业增加值75.77亿元[①]。未来，珠海将继续加大对七大支柱产业的扶持力度，推动产业升级和转型升级，提高产业的核心竞争力和市场占有率。

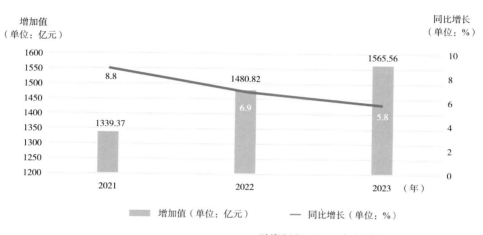

珠海2021—2023年规模以上工业企业增加值

珠海市产业快速增长的背后，是以格力集团为代表的珠海市属国有企业充分发挥了引领带动作用。通过高质量产业投资，格力集团助力珠海做大四大主导产业、做强三大优势产业，"投引结合"为珠海引进更多细分领域头部企业，同时重点投向珠海优质企业，赋能本土存量企业，做优做强。

围绕新一代信息技术、新能源、集成电路、生物医药与健康、装备制造等战略性新兴产业，格力集团以"直接投资+基金投资"的组合方式，投资了一大批优质产业项目。其中，秉承"不以牺牲国有资产利益、政府财政、土地等资源换取一时导入"的原则，格力集团创新"战投+迁址"投引协同模式，成功为珠海引进42个产业项目，新增总投资超213亿元，包括多家细分行业龙头和"专精特新"种子选手。

---

① 数据来源：珠海市统计局官网。

- 合计投资7.21亿元推动上市公司新亚制程和阳普医疗将总部分别迁址至珠海高新区和横琴粤澳深度合作区，开创市属国有企业引进上市公司总部的先例；

- 推动港股上市公司开拓药业入驻珠海国际健康港，为珠海引进大批生物医药高端人才，未来在珠海返投金额将不少于1亿美元；

- 助力长园集团持续拓宽在珠海的布局，已在珠海形成了年产值逾30亿元、超4300名职工的智能制造产业集群；

- 为横琴粤澳深度合作区导入芯耀辉、芯动科技、香雪生命科学（广东）等22家企业总部和下属企业……

推动产业项目招引落地的同时，格力集团也高度关注珠海本土企业的发展，累计投资约51亿元，支持34家本土企业做优做强。在其全方位赋能下，大批珠海企业成功增资扩产，驶入健康发展快车道。其中，珠海冠宇①、炬芯科技先后成为珠海科创板第一股和第二股；英博尔、纳思达、上富股份等进一步做大做强，成为行业排头兵；欧比特、玉柴船动、龙丰铜管等顺利理顺管理机制，摆脱经营困境，扎稳发展根基。

格力集团将始终坚持"产业第一、交通提升、城市跨越、民生为要"的主线，全力提升产业投资、建设投资、城市更新、服务运营等业务能力，强化板块协同优势和"投建运"高耦合的业务体系，培育核心竞争优势，形成围绕战略控股上市公司的完整产业链布局，着力配合工业投资倍增计划、工业园区配套投入倍增计划实施，助力珠海筑牢实体经济底盘。

■（二）背靠粤港澳大湾区，强化珠海国有资产的战略先导作用

美国《财富》杂志每年评选的全球最大五百家公司排行榜，也就是通常说的"世界500强"，自1995年第一次发布以来，就一直是衡量全球大型公司最著名、最权威的榜单。能够进入世界500强，无论是对公司而言，还是对当地政府

---

① 由于本书涉及企业较多，为表述方便，用企业简称代替全称。

而言，都具有重要的意义。

在2022年8月3日美国《财富》杂志发布的2022年世界500强企业名单中，中国有145家公司上榜。作为全国第一经济大省，广东有17家企业上榜，其中深圳首个进入世界500强的国有企业——深圳投资控股有限公司（以下简称"深投控"）排名第372位，较2020年首次入选时的排名上升了70位。

深投控的成功经验，对珠海市乃至整个粤港澳大湾区而言，都有重要的参考价值。自2004年成立以来，深投控历经国有企业改制退出、事业单位划转整合、转型创新发展等多个阶段，围绕城市发展所需，逐渐从金融、房地产、制造业、服务业、文体教育等资产处置平台转型为以科技金融、科技园区、科技产业为主业的国有资本投资平台，持续强化主要产业板块，在助力深圳完善创新产业链的同时，也分享了科技产业的发展红利。

珠海和深圳是同一批经国务院批复同意建设开发的经济特区，经过40余年的发展，2023年，两地在广东省的GDP排行中分别居第六位和第一位，都从不起眼的边陲小渔村，发展成为GDP达4233.22亿元和34606.40亿元的大都市。虽然珠海的国有资产体量在广东省仅次于深圳、广州[①]，但珠海与深圳、广州等城市的产业基础、发展阶段不同，国有资本要承担的功能定位、发展使命也有所不同，这两个城市中的代表性国有资产投资公司和国有资本投资运营平台，格力集团和深投控从发展目标、发展战略、产业选择和运作方式等方面比较，也有较大的区别。

珠三角城市地区生产总值排名

位次	城市	2021年地区生产总值（单位：亿元）	2022年地区生产总值（单位：亿元）	增速	2023年地区生产总值（单位：亿元）	增速
1	深圳	30664.85	32387.68	3.3%	34606.40	6.0%
2	广州	28231.97	28839.00	1.0%	30355.73	4.6%
3	佛山	12156.54	12698.39	2.1%	13276.14	5.0%
4	东莞	10855.35	11200.32	0.6%	11438.13	2.6%
5	惠州	4977.36	5401.24	4.2%	5639.68	5.6%

① 《关于珠海市2020年度国有资产管理情况的综合报告》《关于珠海市2020年度国有自然资源资产管理情况的专项报告》显示，截至2020年底，珠海全市企业（不含金融类企业）国有资产、金融类企业国有资产和行政事业性国有资产三大类资产总额首次突破万亿元，为11761.38亿元，珠海成为广东省第三个国有资本超过万亿元的城市。

位次	城市	2021年地区生产总值（单位：亿元）	2022年地区生产总值（单位：亿元）	增速	2023年地区生产总值（单位：亿元）	增速
6	珠海	3881.75	4045.45	2.3%	4233.22	3.8%
7	江门	3601.28	3773.41	3.3%	4022.25	5.5%
8	中山	3566.17	3631.28	0.5%	3850.65	5.6%
9	肇庆	2649.99	2705.05	1.1%	2792.51	3.7%

数据来源：各市统计局官网。

国有资产投资公司与国有资本运营平台的区别

类型	国有资产投资公司	国有资本运营平台
发展目标	着力培育产业竞争力，调整优化国民经济布局结构，保持对战略性产业和企业的控制力	改善国有资本的分布结构和质量效益，重塑科学合理的行业结构与企业运营架构，提高资源配置效率
发展战略	根据公司自身核心产业与发展战略，对关联产业进行投资	依据国资整体发展战略，从整合、优化和提升国资的角度投资相关产业
产业选择	从壮大公司核心产业出发，进行产业选择、扩展和强化，构建完整产业链	从国资整体发展出发，进行产业选择、培育、发展和资源重组
运作方式	通过股权投资、资本运作、基金等实现对上下游企业的并购整合，提高资本流动性，强化核心竞争力	通过持有股权、价值管理及资金配置，实现国有资本有序进退、升级调整和优化布局
资本运作	通过定向增发、股权投资、受托投资、基金等形式，将资金投向关键领域，实现产业资本和金融资本的融合，打造完整产业链，提升核心竞争力	通过资产重组、股权管理和运营等形式，全方位整合资源，在国资系统内部推进产业板块整合优化，最大限度地提升国有资产整体价值
设立条件	具备清晰的主业和较好的发展前景，具有较强的资本运作能力和市场竞争力的国有企业集团	具备较强的资本运作、资本融合、资本估值及资本杠杆能力的国有企业集团

资料来源：何小刚. 国有资本投资、运营公司改革试点成效与启示 [J]. 经济纵横，2017（11）：45-52.

作为珠海市首家国有资本投资运营平台，格力集团充分认识到，在面向下一个百年征程的新时期，应从珠海的经济结构、增长动力、城市综合实力等方面入手，从更大的层面做好决策部署，加大珠海市国有资本布局结构战略性调整，背靠粤港澳大湾区，面向全世界，将珠海打造成为与深圳交相辉映的珠江口西岸核心引擎。"唯改革者进，唯创新者强，唯改革创新者胜。"格力集团积极探索适合自身发展需要的新道路、新模式，不断寻求新的增长点和驱动力，正可谓"潮平两岸阔，风正一帆悬"！

3.2 东莞松山湖科学城发展集团：集聚科技创新要素资源，推动新质生产力逐步换挡

东莞松山湖科学城是以松山湖高新区部分区域为主体，整合大朗镇、大岭山镇和黄江镇周边相关地段构建的创新区域。松山湖科学城是一个在时间轴上不断演进的科技高地，自20多年前的荔枝林到产业园再到国家高新技术产业开发区，直至今天的科学城，三次蝶变，每一次都是对创新精神的深刻诠释。

如今，松山湖科学城正处于从高新区向科学城跃升的关键时期。这一过程中，整个松山湖片区正经历着深刻的变革：从技术研发的深耕，到基础研究的开

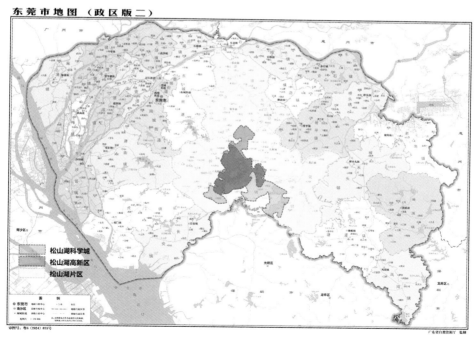

松山湖片区、松山湖高新区、松山湖科学城的地理范围示意图

拓；从自我发展的闭环，到全球创新资源的整合；从单一的科技和产业发展，到产城融合的全面升级。在国家战略的支撑下，松山湖科学城承载着代表国家参与全球科技竞争、支撑粤港澳大湾区国际科技创新中心建设、打造东莞高质量发展核心引擎的重要使命。

放眼全球，科学城的建设并非新鲜事。自第二次世界大战后，随着新技术革命的兴起，全球范围内掀起了科学城建设的热潮。科学城的概念最早起源于20世纪50年代的苏联新西伯利亚科学城和美国斯坦福研究园，它们作为科研院所的集聚地，旨在集中科研力量，推动科学发展。随着科技研发的全球浪潮，科学城如雨后春笋般涌现，成为各国争夺科技和经济发展制高点的战略高地，全球共建设了600余座各具特色的科学城。

在国内，科学城并非孤立的存在，它与高新技术产业开发区、国家级经济技术开发区、国家自主创新示范区、综合性国家科学中心等概念相互交织，共同构成了我国科技创新的空间布局。这些概念虽然在功能上有所侧重，但都旨在通过空间上的集中布局，发挥集聚和辐射带动效应。科学城作为综合性国家科学中心建设的重要载体，其核心功能和目标在于依托重大科技基础设施集群，加强基础研究与应用基础研究，满足国家战略需求，为关键核心技术的攻关和源头创新能力的提升提供坚实支撑。同时，通过集聚效应推动城市产业与服务能级的全面提升。

科学城相关概念辨析

相关概念	主要功能	主要目标	依托条件
国家高新技术产业开发区	发展高新技术产业的产业开发区	成为支撑科技自立自强的创新高地，成为更具有吸引力的人才高地，成为具有国际竞争力的产业高地，成为服务新发展格局的开放高地，成为制度与政策创新的改革高地	以智力密集和开放环境条件为依托，通过实施高新技术产业的优惠政策和各项改革措施，实现软硬环境的局部优化
国家级经济技术开发区	发展对外经济贸易的重点区域	优化国有经济结构，提高吸收外商投资的质量，引进更多先进技术，促进区域经济协调发展	在沿海开放城市和其他开放城市划定小块的区域，集中力量建设完善的基础设施，创建符合国际水准的投资环境

相关概念	主要功能	主要目标	依托条件
国家自主创新示范区	在新兴产业发展、科技成果转化、科技金融、创新创业、人才培养与引进、区域协同创新、知识产权保护与运用等方面先行先试、探索经验模式和发挥示范引领作用的创新区域	在产业转型升级、"大众创业，万众创新"、发展新经济、培育新动能等方面发挥重要的示范、辐射和引领作用	以综合条件较好的国家高新技术开发区为依托
综合性国家科学中心	国家科技领域竞争的重要平台，国家创新体系建设的基础平台	显著提升我国基础研究水平，强化原始创新能力	依托大科学装置集群，吸引、集聚、整合国内外相关资源和优势力量
科学城	以基础研究和应用基础研究为主，具有城市高品质综合配套服务功能	支撑综合性国家科学中心建设	依托重大科技基础设施，集聚科技创新要素资源

资料来源：刘洋. 从高新区到科学城：东莞松山湖创新发展路径选择［M］. 北京：电子工业出版社，2023.

松山湖科学城的发展历程，不仅是东莞乃至粤港澳大湾区科技创新的一个缩影，更是中国在全球科技舞台上崛起的一个见证。它告诉我们，创新是引领发展的第一动力，而科学城正是这一动力的源泉和展现。随着松山湖科学城的不断发展壮大，我们有理由相信，它将成为全球科技版图上一颗璀璨的明珠，为国家的科技进步和产业升级贡献不可替代的力量。而东莞松山湖科学城发展集团的成立，则标志着这一科技创新高地迈入了全新的发展阶段，将为松山湖科学城的创新发展注入新的动力，推动其在新的历史起点上实现更高质量、更高效率、更加公平、更可持续、更为安全的发展。

■（一）建设具有全球影响力的原始创新高地

20多年前，东莞以其蓬勃的制造业闻名于世，被誉为"世界工厂"。"东莞塞车、全球缺货"这句话，生动描绘了当时东莞在全球供应链中的重要地位。然而，随着生产成本的不断上升，东莞面临着转型升级的紧迫任务。这座城市需要寻找新的发展路径，以适应全球经济的新趋势。

正是在这样的背景下，2001年，东莞提出了开发建设松山湖科技产业园区的宏伟蓝图。这一举措，标志着东莞开始从传统制造业向高新技术产业转型，探索可持续发展的新路。为了实现这一目标，东莞选择了地理位置相对偏僻、土地资源丰富的大岭山镇、大朗镇和寮步镇交会处，这里曾是一片郁郁葱葱的荔枝林。东莞市领导在联席会议上深入讨论了建设大型工业园的设想，并将其命名为"松山湖科技产业园"。他们期望将这里打造成为一个生态环境优美、具有强大吸引力的现代化科技工业城，发挥其辐射示范作用，推动东莞产业结构的调整，为东莞的未来发展奠定坚实的基础。同年11月，松山湖科技产业园经广东省人民政府批准成为省级高新区，并更名为"东莞松山湖科技产业园区"，规划控制面积达到72km^2。2002年1月，园区正式奠基，开启了东莞转型升级的新篇章。

2006年，中国科学院在经过多番考察比较后，选择在东莞市大朗镇水平村建设中国散裂中子源项目。这一决定，为松山湖的科技创新注入了新的活力。2007年2月，中国科学院与广东省人民政府签署了合作协议，共同向国家申请在广东省东莞市建设我国首台、世界一流的脉冲中子科学综合实验装置——中国散裂中子源。这一项目的落户，不仅提升了松山湖的科研实力，更为松山湖科学城的建设埋下了创新的"种子"。

中国散裂中子源的建设，是松山湖科技创新发展的重要里程碑。它不仅代表了我国在中子科学领域的重大突破，而且为松山湖乃至东莞的产业升级和经济转型提供了强有力的科技支撑。随着中国散裂中子源的建成和投入使用，松山湖科学城逐渐成为国内外科研人员向往的创新高地，吸引了众多高科技企业和研究机构入驻，形成了以中子科学为核心的创新产业链。

2010年9月，松山湖以其卓越的科技发展潜力，被国务院批准为国家高新技术产业开发区，这一荣誉的获得，标志着松山湖正式跻身国家科技创新体系的核心层。

为了进一步整合资源、优化发展布局，东莞市于2014年12月作出重要决策，将东莞松山湖高新技术产业开发区与东莞生态园合并，实行统筹发展。这一举措使得统筹后的东莞松山湖高新技术产业开发区规划控制面积扩大至103km^2，为松山湖的科技创新和产业发展提供了更为广阔的空间。

2017年，松山湖科技创新的征程上又迈出了坚实的一步——中国散裂中子

中国散裂中子源

源首次打靶成功，获得中子束流。这一重大成果的取得，不仅展示了松山湖在国家重大科技项目中的重要地位，也为松山湖的科研实力增添了浓墨重彩的一笔。同年，东莞市委、市政府高瞻远瞩，决定依托这一大科学装置及松山湖高新技术产业开发区，谋划建设中子科学城（后来改名为"松山湖科学城"），这一决策，为松山湖的未来发展指明了方向。

2020年，松山湖科学城的建设迎来了新的历史机遇。7月，松山湖科学城被纳入大湾区综合性国家科学中心先行启动区，成为继北京怀柔、上海张江、安徽合肥之后的全国第4个综合性国家科学中心，这标志着松山湖科学城的建设正式上升为国家战略，成为东莞参与粤港澳大湾区国际科技创新中心建设的重要战略平台。10月，东莞市审议通过《关于加快推进大湾区综合性国家科学中心先行启动区（松山湖科学城）建设的若干意见》，明确提出要举全市之力、聚八方之智落实国家战略部署，建设具有全球影响力的原始创新高地。

2021年4月，随着大湾区综合性国家科学中心先行启动区（松山湖科学城）建设的全面启动，松山湖的发展迈入了2.0阶段。这一阶段的松山湖，将在更高的起点上，推动粤港澳大湾区国际科技创新中心的建设，成为助力科技强国建设

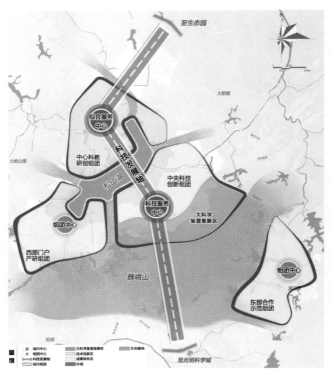

松山湖科学城规划结构图

图片来源：《松山湖科学城发展总体规划（2021—2035年）》

的重要引擎。

现如今，松山湖科学城的发展势头愈发强劲。中国散裂中子源二期、先进阿秒激光装置的建设正在加速推进，南方光源研究测试平台已于2022年11月正式投入使用，松山湖材料实验室一期新园区自2022年6月起科研团队分批入驻。同时，大湾区大学（松山湖校区）、香港城市大学（东莞）的建设也在加快步伐。东莞在巍峨山北面埋下的创新"种子"，如今已生根发芽，即将长成一片茂盛的创新"森林"，为东莞乃至粤港澳大湾区的科技创新和产业发展，贡献出源源不断的生机与活力。

■（二）打造松山湖科学城综合投资运营服务平台

为了推动松山湖科学城的先进产业引育能力、高端人才承载能力和城市综合服务能力的全面提升，2021年2月3日，东莞松山湖科学城发展集团有限公司

（以下简称"科学城集团"）正式成立，主要聚焦于松山湖科学城的地产开发、产业投资等业务，旨在打造松山湖科学城综合投资运营服务平台，推动松山湖科学城的全面发展。

成立3年来，科学城集团围绕开发建设、投资招商、产业运营主营业务，有序推进国际人才社区、科学智汇城、松创投产业投资体系、硼中子俘获治疗（BNCT）成果转化、腾讯云（松山湖）数字经济产业基地、广东清大研究院、智慧停车运营、智慧城、都市农业科技园等重大重点项目。这些项目不仅为松山湖科学城的科技创新提供了坚实的基础，而且为高端人才的集聚提供了优质的环境。

战略性新兴产业和未来产业，作为构建中国特色现代化产业体系的关键，正成为松山湖科学城发展新质生产力的主阵地。面对我国科技创新成果向新质生产力转化过程中存在的阻碍，科学城集团正在积极寻求突破，通过加强高质量科技成果源头供给、培育未来企业和产业、打造面向未来的创新共同体等措施，推动重大科技创新项目实现产业化。

作为大湾区综合性国家科学中心先行启动区的重要组成部分，松山湖科学城依托中国散裂中子源、松山湖材料实验室等大装置、大平台，加速培育新质生产力，呈现出处处向"新"蓬勃发展的态势。

松山湖材料实验室

科学城集团的成立和发展，是东莞打造"科技创新+先进制造"城市特色的生动体现。通过构建全链条、全过程、全要素的科技创新生态体系，松山湖科学城正成为培育发展新质生产力的"沃土"。中国散裂中子源、松山湖材料实验室等大装置、大平台，以及华为等龙头企业的扎根发展，为松山湖科学城注入了源源不断的活力，成为生产要素创新性配置的重要来源，更成为培育新质生产力的强大动力。科学城集团的使命，是依托松山湖的资源禀赋、产业基础、科研条件等，聚焦特色优势，更好发挥科学城赋能作用，推动现有产业转型升级、孵化新兴产业、布局未来产业，不断提升生产力发展的环境。这一使命的实现，将使松山湖科学城成为新时期代表东莞参与粤港澳大湾区国际科技创新中心建设的重要战略平台，为国家参与国际竞争与合作贡献力量。

面向未来，科学城集团将继续以世界一流科学城为建设目标，强化国家创新体系建设的核心空间载体，从支撑国家创新体系的高度重新认识其战略使命、内涵特征，更好地支撑创新驱动发展战略。通过"科、产、城"的深度融合，科学城集团将引导多部门、多主体、多团队共同决策，搭建相互协调、高度一致的全流程工作平台，确保规划的一以贯之，为松山湖科学城的长远发展奠定坚实基础。这不仅是松山湖科学城的向"新"之路，也是东莞乃至粤港澳大湾区创新发展的新动力。

3.3 企业战略协同区域发展

当国有经济的中坚力量在积极探索创新发展的路径时，产业结构的升级也在经济发展的进程中扮演着至关重要的角色。

产业结构升级通常是指产业结构从低级形态向高级形态转变的过程，伴随经济的持续发展，由于消费升级和技术进步，必然会引发产业结构升级，宏观上大体表现为从第一产业为主转向第二产业为主，再演变为第三产业为主。除了不同产业之间的结构升级，在同一产业内部也存在结构升级，即从量的积累转变为质的飞跃。

对于城市而言，优化产业结构一直是城市寻求转型升级的重要途径之一，而中国独特的行政管理体制决定了政府和国有企业对诸多资源配置起到了重要的支配作用，使城市朝着产业结构合理化、高级化的方向不断行进。

以格力集团和松山湖科学城发展集团为代表的国有企业发展经验充分表明，在党和政府的坚强领导下，城市的营商环境不断得到优化，国有企业在创新持续发展的进程中不断成长、成熟，形成了具有示范价值的模式和案例，其中最重要的经验就是始终围绕产业实体，努力实现创新链、产业链、价值链、服务链的全链覆盖和有效对接。

当前，我国正处在"两个一百年"奋斗目标的关键时期，政府和国有企业应当继续发扬优良传统，肩负起时代赋予的使命与责任，为经济和社会发展，为我国"两个一百年"奋斗目标的实现，为人民美好生活的构筑持续奉献力量。

■（一）我国经济进入高质量发展阶段

高质量发展是解决我国目前社会主要矛盾的重要抓手和主要途径。在新发展阶段[①]，高质量发展是实现建设现代化国家宏伟目标的必经之路。在中国共产党第十九次全国代表大会上，习近平总书记基于国际和国内两方面环境变化，结合我国现阶段的发展条件，敏锐捕捉到我国经济发展阶段的变化，并在党的十九大报告中作了"我国经济已由高速增长阶段转向高质量发展阶段"的论断，我国经济必须改变以往粗放式经济，转变经济发展方式和发展动力，进行产业结构改革，优化产业和经济结构，建立新的发展模式，适应经济新形势，打造经济发展新常态[②]。

中国特色社会主义进入新时代，我国社会主要矛盾是人民日益增长的美好生活需要和不平衡不充分的发展之间的矛盾[③]。一方面，人民群众的美好生活需要不断增长，这种需要是多样化、多层次、多方面、不断发展的高品质需要；另一方面，我国社会生产力水平总体上显著提高，在很多方面已经进入世界前列，更加突出的问题是发展不平衡不充分，这就对人民日益增长的美好生活需要的实现构成了制约。

为了解决这一问题，过去的传统思维和老旧方法已经不能奏效，甚至可能会进一步激化矛盾，难以推动经济社会的健康可持续发展。因此，只有更新发展理念，不再单一地用GDP进行考核，而是推动有效市场和有为政府更好结合，努力形成市场作用和政府作用有机统一、相互协调、相互促进的格局，迈向创新、协调、绿色、开放、共享，才能不断谱写高质量发展的新篇章。

■（二）新型工业化转型下的"新产城融合·工业上楼"

欧洲第一次工业革命以来，随着工业的兴起和发展，越来越多的人口聚集到城市中，使得城市规模不断扩大，城市化进程不断加快，同时，城市化也为工业化提供了必要的条件，为工业生产的扩大和发展提供了重要保障。

过去数十年间，我国工业化和城镇化互相支撑、相互促进，但高度依赖物理

---

① 中国共产党第十九次全国代表大会上，综合分析了国际国内形势和我国发展条件，明确提出到2035年基本实现社会主义现代化，到21世纪中叶把我国建成富强民主文明和谐美丽的社会主义现代化强国。

② 陈子璇. 产业结构升级对我国经济高质量发展的影响研究［J］. 产业创新研究，2023（6）：12-14.

③ 2017年10月24日，在中国共产党第十九次全国代表大会上通过的关于我国现阶段社会主要矛盾的论述。

空间的城镇化发展也带来了资源的快速消耗，承载了更大的人口压力，城市公共服务水平难以有效持续提升，这使得传统的城镇化发展模式后继乏力，城镇化率增速放缓，工业化和城镇化来到了从"量变"到"质变"的"新路口"。

在现代化国家建设进程中，推动高质量发展并不仅是一个"质"的概念，它既包括质的有效提升，也包括量的合理增长，既要体现"质"的规定性，也要在"量"上实现增长，具体体现为经济规模达到较高能级并将增速保持在合理区间[①]。因此，应该把创新及创新应用作为培育发展新动能的关键引擎，把过去以传统工业生产和制造驱动的人口流动与集聚的模式，转向以知识、技术和人才等创新要素集聚的模式，强化区域创新及创新应用能力提升，增强城市产业创新的核心竞争力，培育发展新兴产业。因此，"工业上楼"早已不是为了单纯地解决土地紧缺、制造空间需求等问题，也绝非只是简单地将其理解为从低矮厂房转变为高层厂房这种片面的观念，而是演变成由空间增容和产业提质"双轮"驱动的局面。就建筑自身的产业链来说，这是一次极具革命性的提质与创新应用的过程，整个过程都是在为助力城市构建新产城融合发展战略"进可攻，退可守"的优势格局作出积极探索、实践和重要贡献。

与其他技术相比，当今最具创新活力的数字技术可以渗透到生产生活的方方面面，发轫于消费互联网的数字经济可以赋能各行各业不断提升的数字化和智能化水平，不断催生新产业、新业态、新模式。因此，落实到行动上，未来的工业

美国纽约、日本东京、新加坡、中国香港四个地区发展的"前车之鉴"

---

① 吕永刚."四化同步"赋能高质量发展：理论逻辑与实践路径［J］.学海，2023（2）：5–11.

"空间增容"与"产业提质"双轮驱动示意图

化和城镇化应该加快数字产业发展和产业数字化转型，充分发挥我国超大规模数字市场以及数字产品应用场景广泛的优势，不断做强做大做优以平台经济为主的数字产业，打造具有国际竞争力的数字产业集群。

随着数字技术与产业系统全方位、全链条、全周期的融合，工业生产和城市服务将变得更加智能、高效和可持续，从而重新定义工业化和城镇化。与此同时，在新型工业转型背景下的"新产城融合·工业上楼"也将面临前所未有的挑战与机遇。

然而，数字经济的发展也会对传统的就业和社会结构带来一定的冲击和挑战，一些传统产业和岗位将会被转型或淘汰，这需要加强职业教育和技能培训，培养符合数字时代需求的人才。同样，数字经济对政府和国有企业也提出了更高的要求，需要政府作出新的引领，国有企业树立新的担当。

■（三）产业资本市场化配置的启示

无论是社会主要矛盾的转变，还是工业化和城镇化的新路向，都表明了产业结构升级是时代发展的必然选择。这对传统的资源集聚方式和分配方式也提出了更高的要求。

为了有效破除城市行政管理体制可能对资源错配产生的影响，弥补低效行政管理体制的竞争弱势，城市领导者应正确处理好市场与政府的关系，充分发挥有效市场和有为政府的作用，通过有效市场持续优化营商环境，提高资源配置的效率，同时在有为政府的协调下凝聚有效资源，实现经济高质量发展。

这个时候，我们再看格力集团从"管企业"到"管资本"，再到成为国有资本投资运营平台的成长路径，并重新审视科学城集团的成立，就可以得出关于资本市场化配置的重要启示。

首先是需要有核心人物的正确领导和大胆实践。除了前面提到的带领格力集团先后走过不同发展阶段的朱江洪，还有一位容易被我们忽略但又极其重要的改革先锋人物，那就是主政珠海长达16年、人称"梁胆大"的梁广大。在改革开放初期的1982—1998年，正是因为梁广大敢冲敢闯、敢于谋划、坚持生态优先、极力引进人才，才有如今"花园城市"珠海的发展大格局。很大程度上，起步于1985年的格力集团如果没有这样的成长环境和先后几任核心人物的领导，也很难在全省乃至全国脱颖而出，奠定如此良好的发展根基。而科学城集团也将在具备远见卓识、勇于创新且敢于担当的领导者的带领下，在复杂多变的市场环境中抓住机遇，迎接挑战。

其次是注重第三产业的带动作用，有效促进产业结构升级和高质量发展。从分类上看，商贸、金融、教育、服务业都属于第三产业，资本市场化配置可以引导资金流向高科技、高成长性、高附加值等领域，这些领域的企业都需要有高质量的第三产业与之匹配，从而推动产业结构向更先进和更高效的方向转变。如今，无论从美丽乡村建设、城镇化发展、园镇合作哪种模式入手，建设美好人居、创造良好的营商环境都是优化生态的基础。一、二、三产业的高效联动是促

格力集团第三产业

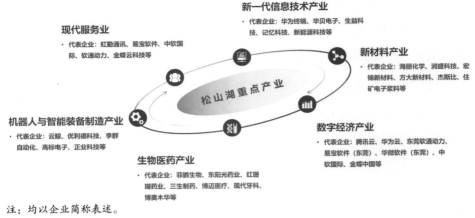

新一代信息技术产业
· 代表企业：华为终端、华贝电子、生益科技、记忆科技、新能源科技等

现代服务业
· 代表企业：虹勤通讯、易宝软件、中软国际、软通动力、金蝶云科技等

新材料产业
· 代表企业：海丽化学、润盛科技、宏锦新材料、方大新材料、杰斯比、住矿电子浆料等

松山湖重点产业

机器人与智能装备制造产业
· 代表企业：云鲸、优利德科技、李群自动化、高标电子、正业科技等

数字经济产业
· 代表企业：腾讯云、华为云、东莞软通动力、易宝软件（东莞）、华微软件（东莞）、中软国际、金蝶中国等

生物医药产业
· 代表企业：菲鹏生物、东阳光药业、红珊瑚药业、三生制药、博迈医疗、现代牙科、博奥木华等

注：均以企业简称表述。

松山湖重点产业示意

进城市发展的新态势，未来，这种高效链动的模式将在更多地区得到推广和应用，为城市的可持续发展注入强劲动力。

最后是回归产业实体，打造优质产城空间——"工业上楼"，即以"工业上楼"为主的新型园区促进产业升级。新型的产业园区可以通过建立产业联盟、支持企业创新发展、建立产业共享平台、加强人才培育和引进等多方面手段，以土地、空间等要素的升级倒逼促进产业升级和发展。而资本市场化配置可以为园区提供多种融资手段，帮助园区获得更加稳定、长期的融资支持，并促进园区企业的转型升级，提高园区的建设和发展能力，与各方实现共赢。

粤港澳大湾区产业分布示意图

——城市更新背景下
"新产城融合·工业上楼"的
探索与实践

从粤港澳大湾区整体产业分布及整体城市空间布局来看，珠江东岸的电子信息产业带和珠江西岸的先进装备制造业产业带都已经初具规模。为了能更高效地对接两岸资源，以及更优化地配置城市资源与社会分工，需要将产业转型升级与城市更新有机融合，各级政府部门统筹规划、精准施政，引领市场打造一批产业转型升级示范区，形成聚合效应，从区域协同、产业协同等全方位联动，达成产业资本市场化配置的全面启示，未来的大湾区必将释放出更为澎湃的改革活力与发展动力。

04

创新载体

——珠海三溪科创城建设全景

珠海市香洲区成立于1984年6月，是珠海唯一的主城区，也是全市的政治、经济、文化中心。作为经济特区，香洲区亦是中国改革开放、经济发展的城市缩影。经过40余年的发展历程，老香洲经历了从"三来一补"的加工制造，到产业迭代的自主创新，再到今天建设"融通港澳、连通八方"的湾区极点门户、"以创兴产、以产促城"的产城融合高地、"国际品质、美丽智慧"的宜居宜业宜游城区，香洲区始终发挥着"主力军、主阵地、主战场"的作用，在时代大潮中扛起珠海主城担当的角色。

在建设新时代中国特色社会主义现代化国际化经济特区的过程中，香洲区为珠海的城市建设和产业发展筑牢了坚实的基底，作出无可替代的贡献。然而，在

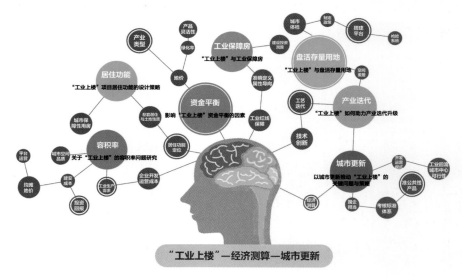

经济测算在建筑产品的设计建造过程中举足轻重

发展过程中，主城区规划的新城市格局与旧产业的矛盾日趋明显，城市转型也面临着严峻挑战。随着近年来不断发生的人口结构变化和新兴产业聚集，香洲区跟国内许多地区一样，面临着土地紧缺、空间不适配等一系列问题——其中最主要的是新兴制造业需要高品质、高适配的产业空间，而社会资本又对制造业投资的效益提出了更高的要求。

为提升城市空间的功能、效率和品质，城市更新是城市发展的一种必然选择，也是推动城市持续发展的重要手段。过去，城市的更新迭代更多停留在"大拆大建"和"表面更新"上，至于更新方式是否可持续、居民意愿是否得到充分表达，非常容易被轰轰烈烈的GDP数据所掩盖。事实上，只要前行，只要发展，问题一直会存在，只不过问题本身也需要"迭代"，而且是创造性的迭代——创造性地解决城市发展的问题，解决创造性的城市发展问题——这才是城市更新的价值所在。

■ 建筑真正的力量在于能为整个社会做什么。

——［美］罗斯·巴尼

对于珠海来说，如何兼顾城市产业、城市景观及居住格局的多样性、混杂性、不均衡性等特征，在保持国家园林城市典范的前提下完成从传统产业到新兴产业的更新升级，再用城市整体设计的焕新手法，保更新、促经济、稳生态，从而辐射全国、引领新风向，是珠海在建设新时代中国特色社会主义现代化国际化经济特区的过程中必须应对的挑战。

20世纪80年代的香洲

21世纪初的香洲

妥善处理城市空间设计，并将其作为推动城市产业更新迭代发展的重要抓手，点亮并激活珠海主城区的价值，让空间增容与产业提质"双轮"驱动，形成"进可攻，退可守"的城市发展格局，从而引领城市的持续"胜利"，其背后是产业结构优化、人口结构优化、人才结构优化的必然逻辑和强烈诉求，需要城市领导者、投资决策者、城市规划者以及建筑师、工程师等各类工作者以全民的姿态、全面的考量，扩大视野，从城市片区的整体出发考虑问题，并担负起更大的责任。

三溪科创城正是在这样的背景下，走出了一条用空间设计引领产业迭代发展的全新道路。作为香洲区产业发展的主要阵地，位于珠海市新香洲北部珠海、中山边界区域的三溪科创城也是满足了"天时、地利、人和"的绝佳城市空间载体，其规划、设计和建造是以城市更新推动"新产城融合·工业上楼"的优秀典范，为香洲区新兴产业的集群化发展提供了丰富的想象空间。

■ 天时不如地利，地利不如人和。三里之城，七里之郭，环而攻之而不胜。夫环而攻之，必有得天时者矣，然而不胜者，是天时不如地利也。城非不高也，池非不深也，兵革非不坚利也，米粟非不多也，委而去之，是地利不如人和也。故曰：域民不以封疆之界，固国不以山溪之险，威天下不以兵革之利。得道者多助，失道者寡助。寡助之至，亲戚畔之。多助之至，天下顺之。以天下之所顺，攻亲戚之所畔，故君子有不战，战必胜矣。

——先秦·孟子《得道多助，失道寡助》

■（一）全区域调研，在数据中寻找最优解

没有调查研究就没有发言权。面对珠海这座城市的发展和产业结构调整，城市领导者与格力集团从未动摇过夯实经济的格局和决心。三溪科创城肩负了优化珠海城市空间的重要使命，因此，一开始就对设计提出了严格的要求，对设计单位进行了多方比对。最终，2018年11月，深圳市建筑设计研究总院有限公司（以下简称"深总院"）凭借对珠海城市诉求的深刻理解和对三溪科创城的精准定位，在多家竞标单位中脱颖而出。

多年来，深总院设计团队专注于M0/M1土地性质的研究，从政策、规范到经济，以及对城市的诉求与回应等方面进行全方位的考究，经历了东莞天安数码城、东莞松湖智谷、东莞南方智云及深圳天安云谷二期、金蝶软件园等多个产业园项目的历练，对"新产城融合"和"工业上楼"有着充分的研究与实践探索。为了充分解读珠海这座城市的诉求，设计团队在为项目做准备工作之时，并没有立即安排图纸的绘制，而是从数据调研、项目解读、企业走访等步骤开始，跟业主方一起，足足用了一年多的时间，对珠海及其周边地区进行了全区域和全方位的调研，根据市场调研摸底的数据一步步对方案进行研究、比选及深化工作，最终从这些数据中形成了对三溪科创城的初步空间构想和产品设计，再根据项目推进计划一步步优化、深化方案并进行动态管理，适时调整规划布局与建筑产品设计，以做出符合产业需求、符合企业需求、符合城市诉求并能激活市场的设计产品，做好城市未来产业与空间布局，以满足城市更新需求。

2018年珠海市香洲区主要经济指标

指标名称	总量	比上年增长
土地面积	189.41km²	0
常住人口	93.78万人	—
地区生产总值	1324.33亿元	7.0%
规模以上工业增加值	318.46亿元	16.9%
规模以上工业总产值	1287.37亿元	15.8%
固定资产投资额	513.17亿元	19.5%
外贸进出口总额	1156.02亿元	3.0%
出口总额	621.92亿元	−9.0%
实际吸收外商直接投资额	4.47亿元	−36.0%
一般公共预算收入	38.30亿元	4.0%
一般公共预算支出	63.64亿元	9.1%

数据来源：珠海地方志办公室. 珠海概览［M］. 北京：方志出版社，2019.

从多方位的调研结果及当时的数据可以看出，2018年之前，老香洲区土地紧缺问题已十分突出，从侧面反映了珠海原有的工业建筑用地已进入存量空间治理新阶段，虽然未来珠海制造业转型发展的势头已经初露头角，然而新型产业空间却严重不足，投资动力和强度也出现了较大的负增长。简而言之，就是原有工

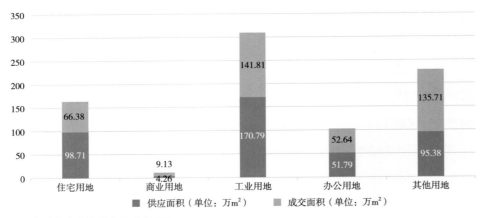

2018年珠海市土地供应及成交情况

数据来源：珠海世联行市场研究中心. 2018年珠海市房地产市场报告［R］. 2019.

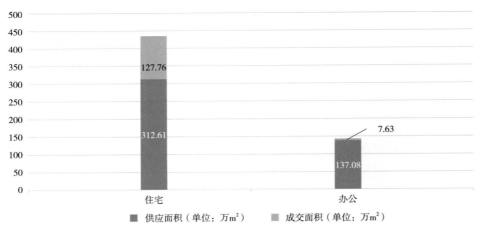

2018年珠海市住宅及办公用地供应及成交情况

数据来源：国策视点——2018年珠海市房地产市场状况分析. "国策评估"公众号. 2019-03-01.

业建筑的无效空置率和新型产业空间的有效供给之间存在不可调和的矛盾关系，尽管企业的产能和产值都保持着强力上升的势头，但对于未来的新兴产业而言，"有地"却不一定"有空间"（满足珠海制造业转型发展的土地和新型产业空间，下同），就更不必讲香洲区面临的"无地""无空间"局面了。

　　这也说明，当时香洲区的产值贡献处在较为传统的作业模式，如果不能从中判断出不久的将来可能存在的问题，就不可能对产业的规划和空间布局进行有效梳理，无法为未来产业提供适配的城市空间，供给关系矛盾就必然会加剧，城市活力不足、动力不够将成为必然结果，最终造成的产业外溢和城市"空心化"也是无法避免的。因此，在城市更新过程中，为了解决这些问题，将顶层设计、空

——城市更新背景下
"新产城融合·工业上楼"的
探索与实践

间设计与实施路径设计进行全局统筹、集成安排，成为前期的产业规划和空间布局时的关键。

其实早在2012年，为了引导城市建设朝合理的方向发展，为实体经济高质量可持续发展提供载体，珠海就出台了《珠海市城市更新管理办法》（珠府〔2012〕86号），以政府规章的形式对城市建成区（包括旧工业区、旧商业区、旧办公区、旧住宅区、城中旧村等）的整治、改建或拆建进行了详细的规定。2019年颁布施行的《珠海市城市更新项目地价计收办法的通知》（珠府〔2019〕60号），则对"工改工""工改产""工改商"项目实施差别化地价优惠扶持，"工改商"项目优惠幅度基本不变，"工改工""工改产"项目优惠大幅度提高。随后，为加快产业转型升级、推动高质量发展，打造一批"生产、生活、生态"融合发展的新型产业综合体的战略目标，珠海市自然资源局到深圳、佛山、东莞、惠州等地调研，学习参考先进经验做法，结合珠海实际，出台了《珠海市新型产业用地（M0）管理暂行办法》（珠府〔2020〕30号）。

以上种种，都是为解决珠海城市产业空间问题的积极探索和有效实践。三溪科创城的设计和建造，正是在这些探索和实践中不断创新，努力寻求激活全局的最优解。

■ 建筑不仅仅是造型的问题，而且成为都市文化的载体。建筑师不仅仅是设计某种形式，而是创造社会性的公共空间。建筑设计并不是一种有关形式的知识，而是探索世界的知识形式。人们也可以通过其他方式探索世界，比如电影导演、艺术家，也可以作为建筑师来观察这个世界。

——［瑞士］伯纳德·屈米

■（二）"四力"叠加，多方合力，做出全新产品体系规划

基于对数据的分析以及对城市未来发展的前瞻思考与实践，打造三溪科创城的全新产品体系，是城市力、区域力、产品力、服务力"四力"叠加，是多方合力的全新思考。珠海是大湾区的新极点，而老香洲又承载着珠海历代人民的智慧贡献，基于此，考虑到大湾区的区位影响力和空间辐射力，作为业主方的格力集

团充分感受到责任重大、任务艰巨，便有了在项目启动之初不辞辛苦、不遗余力的走访和调研。深总院设计团队也秉承对项目的执着、对城市未来的责任、对建筑的热爱以及对专业的尊重，展开了一系列的深入探讨与研究，在设计过程中每下一笔都寻求数据支撑，融入前瞻判断，模拟项目运营，做大胆设想、仔细求证的空间设计。整个参与团队不惧艰辛、日夜兼程，在项目中不断排除万难，通过各种方案模拟比选，寻求各方的有利信息，积极引导并与各相关方形成合力，从前期模拟、运营愿景到项目设计、流程管控、报批报审、施工服务等，无不体现着多方合力、同心同德、齐力奋进的共赢格局。

三溪科创城的生产、生活、生态"三生融合"创新产业空间及配套产品体系，让城市配套空间先行，用产业制造空间进行填补，最终形成24小时产业生态圈的整体布局，成就了珠海在城市更新背景下"新产城融合·工业上楼"的典范标杆，书写了老香洲新产城人的智慧与笃行。这是区域战略位势提升的大胆试点，使得长达5年的规划布局渐成雏形，从此战略性新兴产业在珠海获得新的立足点，新型产业空间供需关系逐渐达成新的动态平衡。

回顾过往，2018年以前，三溪科创城所在的沥溪村、福溪村、南溪村及界涌村4个旧村，因其处于原珠海市"二线关"交界处，既是香洲区的边缘地带（属城乡接合部），又是珠海主城区最后一块可整片腾挪的建设基地，是典型的普通加工制造业园区，因此这里也是主城区颇有代表性的工业村，原有的空间载体多

尚未开始动工的三溪科创城

集聚　——城市更新背景下
的能量　"新产城融合·工业上楼"的
　　　　　探索与实践

为集体或临时用地建设的单一、老旧工业生产空间。三溪科创城的规划方案出台之后，一方面，随着香洲区政府有关政策的制定和落地，以及香洲区更新改造的持续推进，格力集团坚持引入高新技术产业，以产业发展为核心，率先实践"产业投资、产业载体建设、产业金融赋能、产业增值服务"的"产业+"综合业务模式；另一方面，随着香洲新片区"新产城融合"的推进，格力集团在以产业为核心的同时，也着力于周边产业和功能条件的改善与补给，使三溪科创城具备了加速布局战略性新兴产业、加快实现产业跃升的区位条件。

优质建筑空间是优质产业的赋能载体，可以激发城市更新的无限想象。当前，我国不少一、二线城市在产业引导中面临的突出问题是缺乏能快速满足高端制造业需求的工业用地，而珠海在这类问题上非常具有典型性和代表性。为此，2022年5月珠海市人大常委会召开新闻发布会提出要"严守工业红线，增加先进制造业用地供应"，香洲区在政府工作报告中也提出要"打好高端制造业空间'保卫战'，设计建设一批新型产业空间，保障研发、实验、中试、测试等特殊产业空间供给"，同步环境优先优化。

格力集团作为珠海市属国企，一直勇于主动承担珠海市战略性新兴产业集群发展的新使命。三溪科创城及周边地块的用地属性多元，既有M0、M1类用地，也有B类、R类、C类、G类等多种用地①属性，具备"新产城融合·工业上楼"紧缺型、多元型混合用地空间的极佳条件。背靠凤凰山体，借助环境优美、山河整治的基础优势，完成设计之后的三溪科创城，产品丰富多样且兼容性强，空间灵活有趣，生态完善，既可以快速打造高端制造业紧缺空间，又具备了打造自然环境生态、为新兴产业生态赋能的极佳条件。

根据新城市主义②理论，通过城市规划和社区设计、建筑设计可以创造有活力、有吸引力的城市环境，进而创造一个有机的、可持续发展的城市，城市发展逐步城镇化，主城区边缘片区的城市更新是为主城区的产业增容发展做空间状态补给。因此，三溪科创城的每一期工程都是对城市发展深度思考的结果，体现

---

① 根据城市建设用地分类，B代表商业服务业设施用地，R代表居住用地，C代表公共设施用地，G代表绿地与广场用地，M代表工业用地（其中M0代表新型工业用地，M1代表对居住和公共环境基本无干扰、污染和安全隐患的工业用地）。

② 也称为"新都市主义"，是20世纪90年代初针对郊区无序蔓延带来的城市问题而形成的一个新的城市规划及设计理论。

"新城市诉求"的三个层面

了格力集团在城市规划、产业发展和生态建设等方面的前瞻视野和创新实践。其中，一期（首开期）以城市更新和产业空间的全面优化为核心，配套先行，精心打造一个集商业、产业及研发生产多功能于一体的城市新社区，不仅为主城区的产业外溢提供充足的空间补给，更通过高品质的商业和产业配套设施，为城市的持续繁荣注入强劲动力；二期进一步融合区域特色，响应多元利益主体的诉求，以生态修复和环境整治为主导，打造一个绿色生态、文旅体验相结合的城市绿洲；三期以"工业上楼"为特色，通过创新的建筑设计，实现工业活动的垂直整合，大幅提升土地利用效率，不仅体现出对城市空间优化的深刻洞察，而且展示了对工业发展新模式的积极探索；四期推出定制化产业空间（定制化"工业上楼"），为不同产业量身定制高标准的生产和研发空间，不仅满足了企业的个性化需求，更彰显了格力集团在高效利用土地与科技制造领域的领先实力和以人为本、共创共赢的发展理念。

多业态的布局给建筑设计带来了复杂性，使得设计难度显著加大，但深总院团队无惧挑战，努力寻找科学数据和创新设计、工程技术的结合点，从而既兼顾建筑容量与建筑规范的要求，在保证空间利益最大化的同时，又让作品不失建筑美感，提升城市风貌。在格力集团的充分信任与支持下，深总院设计团队还凭借对产业需求的理解，以"资产灵活流通，产品兼容使用"为目标，整理出了可指

内部文件:"新产城融合·工业上楼"项目建筑工程设计手册

导产业转型升级的建筑标准数据,并结合市场的变化,结合项目特性特质,在建筑空间布局上依次对应数据,使其既具备空间兼容性又具备资产灵活性。

虽然三溪科创城的策划和设计都是以扎实的数据为基础,探索着可实施的路径,但在服务层面,现代产业集群作为产业、人口、基础设施等要素构成的非平衡体,并不能单纯依靠空间载体的建设,一劳永逸地解决项目建成后可能出现的各类问题。整个参与团队,无论是格力集团还是深总院,都非常注重产业和空间的动态互导关系,这关乎城市与产业齐奋进、共兴衰、向未来的脉动。从前期规划建设到后期运营服务,由市政府、区政府、项目发展中心和格力集团四个层面组织力量,引入龙头企业和规模以上企业,维持产业动态平衡,创建良好的营商环境。产业迭代和创新空间设计的挑战永远在路上,长路漫漫,唯有奋斗前行,方能向着目标不断迈进!

4.2 城市空间与产业生态的全面革新

珠海三溪科创项目是在城市更新背景下，整合沥溪村、南溪村、福溪村、界涌村及周边旧工业区进行旧城改造而得名的。这是一个典型的综合性城市功能的园中园产业园区，由香洲区管委会（2024年更名为珠海市香洲区三溪科创城发展中心）统筹管理。该片区围绕苏曼殊故居、简氏大宗祠两大文物保护单位，规划有研发用房、住宅、酒店、酒店式公寓、办公楼、配套商业、特色商业街、小学、幼儿园等功能组团，并在核心区外围规划有新质生产空间①等"工业上楼"产品，以形成较完整的产业链闭环及相适应的空间供给。

■（一）城市更新与产业升级的绿色引擎

作为珠海市香洲区城市更新与产业升级的代表之作，三溪科创城展现了一个综合性城市空间载体的宏伟蓝图。该项目不仅是对旧城区的一次深刻改造，更是对城市空间与产业生态的一次全面革新。

在建筑设计上，三溪科创城强调与自然环境的和谐共生，通过"融绿""串绿""望绿"等手法，将凤凰山的自然景观延伸至园区内部，建筑朝向中央公园方向逐级退台，把原规划70m宽的中央公园拓宽为350m宽的绿色通廊体验空

---

① 本书提到的新质生产空间指集成了高科技、高效能、高质量特征的创新性空间形态，是新质生产力在建筑领域的具体体现，代表了建筑业在新时代的发展方向。新质生产空间不仅是传统意义上的物理建筑，还融合了数字技术、人工智能、绿色环保等新兴技术，通过创新性配置生产要素，实现产业结构的转型升级。

间，形成更大的城市智慧绿谷，实现了建筑与绿意的融合，层层互补、层层递进，不仅通过建筑产品，也通过空间布局实现双重驱动，打造山水活力之城和城市科技生态之城。

项目的整体建筑产品配置满足了科研产业空间和新质生产空间的"工业上楼"创新空间载体的要求，提升了人才宜居宜业的配套，彰显了珠海在新时期推动产业振兴的坚定决心与实际行动。

三溪科创城的建设是珠海市城市更新与产业发展的一个缩影，在一定程度上呈现了珠海在粤港澳大湾区发展格局中的独特地位，它不仅为城市带来了新的面貌，更为珠海市乃至整个粤港澳大湾区的经济发展提供了新的动力和方向。随着项目的逐步推进和完善，三溪科创城将成为珠海市、广东省乃至更大范围内的产业升级和城市更新的典范。

2020年3月，处于土地整备阶段的三溪科创城，仍有部分村庄的农民房未完成拆迁

2023年7月，三溪科创城鸟瞰图，一期项目（格创·集城）已经竣工验收，二期项目（漫舒·溪里）住宅地块已经建出地面，三期项目（格创·智造）已经封顶

三溪科创城

设计构想

通过城市更新这一关键手段，率先对城市的生活配套和产业配套进行优化升级，以精心打造适应新兴产业高端人才需求的城市格局。秉持"筑巢引凤"的策略，旨在为产业提质打下坚实基础，全面激发片区的活力和潜力，不仅为片区注入了新的生命力，更为城市未来的发展奠定坚实的基础。

设计亮点

1. 通过精心保护和修缮文物保护单位，不仅使这些珍贵的文化遗产得以传承，更为所在片区注入独特的IP（知识产权）魅力。

三溪科创城的产品体系

三溪幼儿园

格创·集城S2

24小时生态圈

格创·慧城

苏曼殊故
简氏宗

格创·集城S1

2. 围绕这些保护建筑，精心打造特色IP（知识产权）商业街区，不仅保留了传统的建筑风貌，而且融入了现代商业元素，让人们在购物、休闲的同时，能够感受到深厚的历史文化底蕴和乡愁情怀，为商业街区带来全新的消费体验。

3. 在保护历史文化遗产的基础上，积极推进两翼的研发创新空间建设，并填补外围的"工业上楼"新质生产空间，共同促进整个片区的"新产城融合"发展，形成了一个低碳出行、高质量发展的城市格局。

总技术经济指标

总建设用地面积：22.15万m²

总建筑面积：102.78万m²

总停车位：4154个

格创·集城 | 科创高地

S1地块技术经济指标

用地面积	38959.36m²
用地性质	M0
容积率	4.0
建筑功能构成	研发办公、配套商业
总建筑面积	21.8万m²
建筑高度	149.1m
建筑层数	地下3层，地上31层（利用高差形成双首层）
停车位	共1020个（停车位指标0.65个/百平方米）
建设情况	本期项目主体已完工，2023年6月竣工验收

S2地块技术经济指标

用地面积	14666.19m²
用地性质	M0
容积率	4.0
建筑功能构成	研发办公、新质生产空间、配套商业、配套宿舍
总建筑面积	7.95万m²
建筑高度	99.9m
建筑层数	地下2层，地上最高25层
停车位	共436个（停车位指标0.445个/百平方米）
建设情况	本期项目主体已完工，2023年6月竣工验收

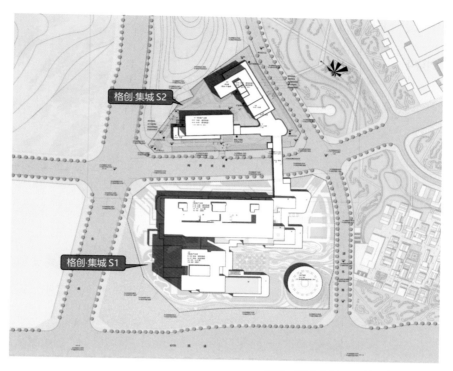

格创·集城（S1、S2地块）总平面图

格创·集城（S1、S2地块）总体鸟瞰效果图

1. 设计构想

　　本期注重高端产业与城市更新配套先行的同步发展,局部实施"工业上楼"策略以补充引流,整体分为S1和S2两个地块,为后续产业及产业空间作铺垫。

　　(1)首开区S1地块的A座,纵向150m超高层产业研发楼形成地标,识别性强,适合企业总部入驻,凸显企业形象,吸引高端企业入园。

　　(2)首开区S1地块的B座为大平层创意工坊,横向引入"水平摩天楼"概念,满足单层使用面积最大化的需求,关注创意型企业。降低层数与高度,平面弹性划分,组合多变,满足中、小、微不同规模企业入驻。

　　(3)横向"水平摩天楼"(即大平层创意工坊)悬浮空中,最大限度释放地面空间,将商业配套以小体量的建筑产品形式放置于大平层底座,形成沉浸式的街区配套商业。同时,基于对亚热带气候特点的深刻理解,架空层为商业空间实现了"天然顶棚"。这种理解体现在对阳光、风雨、气温等自然要素的巧妙利用和调控上,开放的多孔隙设计使得架空层在保持良好通风和采光的同

首开区S1地块鸟瞰效果图

——城市更新背景下
"新产城融合·工业上楼"的
探索与实践

时，又能起到有效遮挡的作用，避免暴雨冲刷和暴晒。"会呼吸的建筑"设计理念不仅调节了微气候，更为城市空间带来了一种别样的岭南气息，最大限度地将空间还原给自然，同时为城市生活提供服务。架空层商业空间的设计与建设，堪称岭南建筑文化与亚热带气候、现代城市空间完美融合的典范，这种融合赋予了城市空间独特的美感和实用性，更为我们的城市生活带来了前所未有的体验和享受。

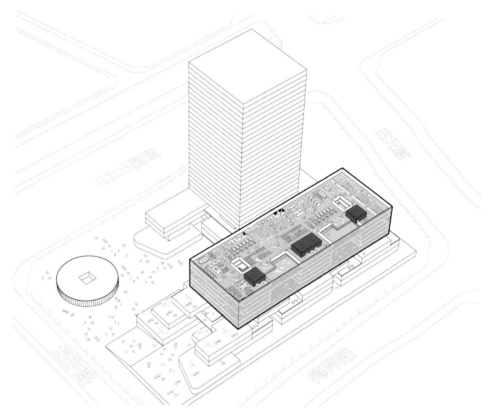

大平层创意工坊

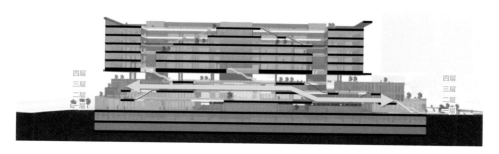

S1地块横向剖面图

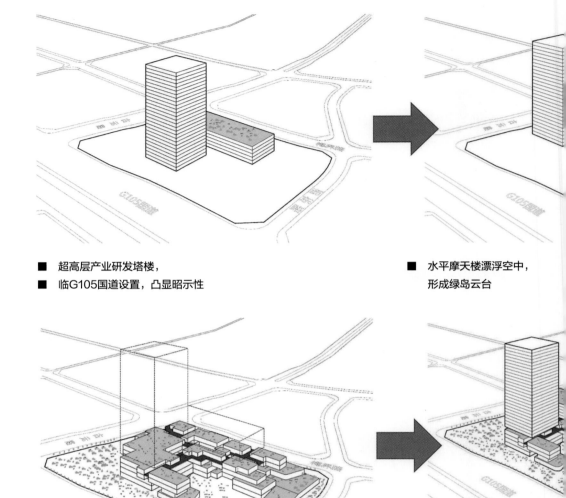

■ 超高层产业研发塔楼，
■ 临G105国道设置，凸显昭示性

■ 水平摩天楼漂浮空中，
  形成绿岛云台

■ 调节区域微气候，提供良好的驻足休憩空间

■ 建筑体量逐级抬升，
  尊重苏曼殊故居、简氏
  宗祠文化创意街区尺度

S1地块方案生成图

　　（4）适当布置新质生产用房，缓解土地紧张问题。立面采用现代科技元素进行设计，吸引高品质生产企业的入驻。"工业上楼"模式既能解决土地紧缺带来的经济测算平衡等多方诉求，又能倒逼企业做好招商运营服务，以满足高端制造和高新技术产业的生产功能。

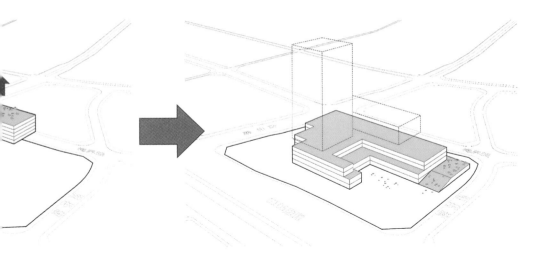

■ 植入产业配套空间

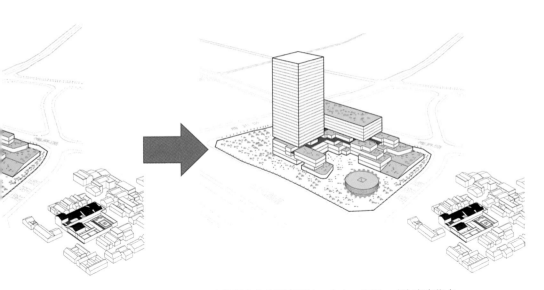

■ 产业招商中心汇聚科技、人文、生态，成为本案焦点

（5）通过S1与S2两个地块的空间设计，建筑产品设计互为补充、融为一体，实现产业链条配套发展，形成完整的产业园区微闭环架构，为整个园区的产业链动与空间互补奠定基础。

格创·集城S2地块沿街效果图

2. 产品特点

　　S1地块充分利用地块高差，结合项目自身特点，形成双首层的立体空间设计。为响应城市诉求，建筑产品设计为大平层创意工坊、超高层产业楼、总部办公、配套商业相结合的全新产商结合发展探索模式。产品设计在企业不同发展阶段产生灵活变化与兼容性，兼顾资产流通，充分体现复合多元的城市设计。其中，70.26%产业空间主要是横纵两栋塔楼，29.74%配套空间主要是底部配套商业，无宿舍配套功能，充分体现了决策者产业先行的坚定决心。

（1）A座超高层产业研发楼标准层面积约2700m²，平面尺寸约54m×53m，每层1个防火分区，东西两端设错层空中花园，可以灵活分隔为6个单位，也可合并为南、北两个单位或整层一个单位使用。当整层使用时，经计算使用率达到82.5%，可以较好满足产业研发空间的需求。

（2）B座大平层产业楼的标准层面积约为5900m²，平面尺寸约为126m×48.4m，每层分为2个防火分区，可以灵活地分隔成7个单位，也可以合并为东、西两个单位或整层1个单位使用。当整层使用时，使用率可以达到92.6%。本座可以作为办公、研发、孵化及新质生产等多种功能使用，并在关键楼层（五至七层）设置预留吊装平台，为新质生产预留诸多可能性。

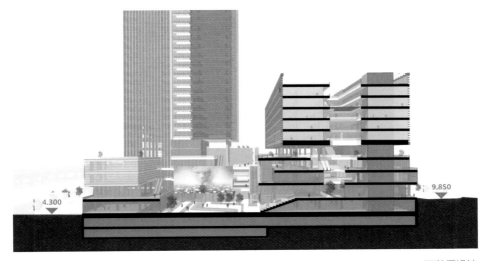

双首层设计

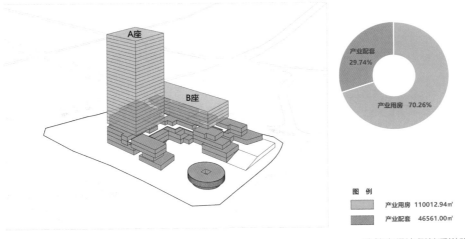

图例
产业用房 110012.94m²
产业配套 46561.00m²

建筑产品比例关系说明

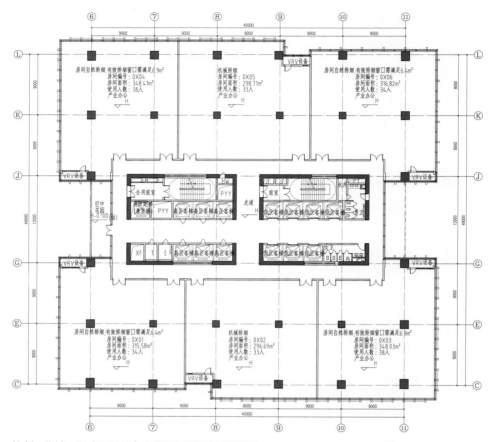

格创·集城一期（S1地块）A座产业楼标准层平面图

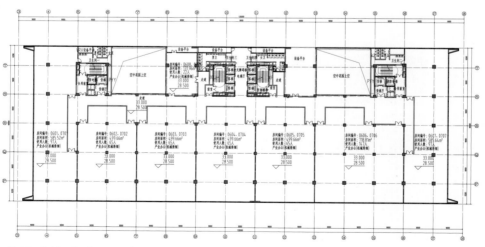

格创·集城一期（S1地块）B座产业楼标准层平面图

集聚 ——城市更新背景下
的能量 "新产城融合·工业上楼"的
探索与实践

（3）地下一层至地面三层是配套商业层，为多孔隙式商业街区。内部商业步行街采用岭南建筑手法，采用了天然通风和采光技术，使得整个街区在保持舒适的同时，也降低了能源消耗和后期运营成本。这种设计符合现代人对绿色、环保生活理念的要求，也体现了对传统文化的尊重和传承。商业街区将成为一组会呼吸的建筑，倡导一种回归自然的购物体验，让人们在购物的同时也能亲近自然。

（4）S2地块包括两栋建筑，其中1栋新质生产厂房，标准层面积约2100m²，平面尺寸约80m×30m，共9层，每层1个防火分区，整层作为大空间使用，使用率可达到90.0%。每层外墙设置吊装口，可满足新质生产需求。

（5）S2地块的2号综合楼一层为配套商业，二至十三层为研发用房，十四层为架空层，十五至二十五层为宿舍，标准层面积约1300m²，为人才公寓配套用房。

多孔隙式地下商业空间设计

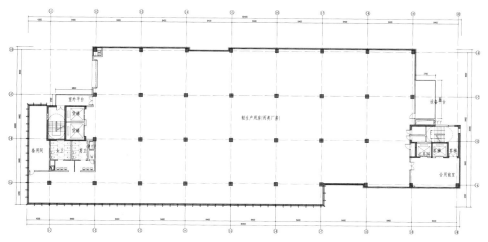

格创·集城S2地块1号新质生产空间厂房标准层平面图

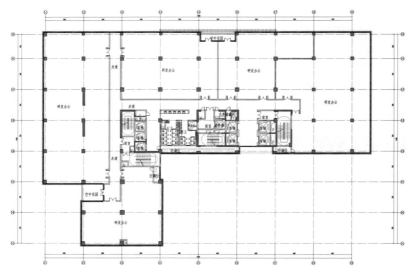

格创·集城S2地块2号综合楼三层平面图

3. 产品功能

（1）格创·集城是格力集团在三溪科创城投资建设的一期项目，总投资额约25亿元。项目定位是珠海首个具有完善产业生态和服务配套的复合型智慧产业园区，拟为片区产业提质做先行示范。

（2）高标准建设150m高的研发办公以及新质生产大平层、"工业上楼"，产研一体化并集多业态、多功能于一体，覆盖企业发展全生命周期，满足孵化、中试、生产、研发办公及生产制造的企业发展全链条需求。

（3）高规格打造人才宿舍和商业配套等产业配套及生活配套服务，实现"优活办公、生产与生活"的体验，全方位满足入驻企业及高层次人才的生活需求，全面激发城市更新活力。

（4）通过高水平打造"科·产·城·人"为一体的复合开放产城融合示范区，将很大提升三溪科创城的区域产业承载能力，助力加快构建现代产业体系，服务实体经济高质量发展。可提供超过15万m²的研发办公空间及生产用房，将重点引进光电、"5G+"智能制造和数字经济三大产业，产品功能亦围绕以上产业的共性与特色进行设计。

（5）首开区的启动将为城市更新背景下产城融合项目探索新方向提供实践案例，为珠海的城市更新探索新思路、新方法、新模式，未来珠海的新兴产业集聚日益凸显。首开区的落位，标示了新兴产业集群发展的新方向。

■ **（三）【二期】**

漫舒·溪里|综合产业配套及文旅打造

二期技术经济指标

用地面积	S1地块27195.36m²；S2地块14469.12m²
用地性质	M0、B、B1、R2
容积率	S1地块3.03；S2地块3.1
建筑构成	S1地块，酒店、办公、酒店式办公、配套商业； S2地块，住宅及其配套
总建筑面积	S1地块11.99万m²；S2地块7.10万m²
建筑高度	S1地块149.9m；S2地块99.95m
建筑层数	地下3层，地上最高35层
停车位	S1地块420个（停车位指标0.36个/百平方米）； S2地块493个（停车位指标1.0个/百平方米）
建设情况	S2地块计划2024年底竣工验收，S1地块计划2025年6月底竣工验收

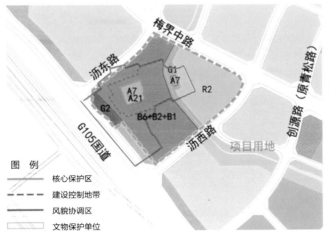

项目地块的北侧属于公园绿地（G1），紧邻凤凰山风景区；西侧属于防护绿地（G2），景观资源丰富。

从上位规划解读，本项目西侧土地（S1地块）用途为商业用地＋商务用地＋旅馆用地（B1+B2+B6），东侧土地（S2地块）用途为二类居住用地＋商业用地（R2+B1），中间土地（S3地块）用途为公园绿地（G1）。

基地内有两处**文物保护建筑**：简氏大宗祠、苏曼殊故居，属于文物古迹用地（A7）。苏曼殊故居周边为图书展览用地（A21）。

图 例
—— 核心保护区
---- 建设控制地带
—— 风貌协调区
▨ 文物保护单位

漫舒·溪里用地属性图

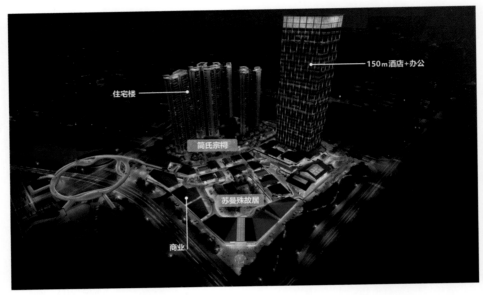

漫舒·溪里广场整体鸟瞰效果图（泛光夜景）

1. 设计构想

    漫舒·溪里坐落于三溪科创城的中心腹地，周边邻接着极其成熟、便利的3km、5km生活圈，未来将打造人才友好、青年友好、环境友好型居住社区，项目地块包含自然山水与人文资源，集文化创新、旅游休闲、商务办公、酒店商业、生活居住于一体的综合产业配套及文旅基地，进而服务整个片区，服务体系目前已形成连片趋势，并产生一定的辐射效应。

    基地内有两处文物保护建筑——简式大宗祠和苏曼殊故居，属于文物古迹用地。其中，简式大宗祠建于清光绪十年（1884年），占地约235m²，2012年，市区两级政府投资180多万元将其全面保护、修葺、翻新。苏曼殊故居为苏曼殊祖父苏瑞文所建，1884年生于日本横滨的苏曼殊，6~13岁在中国读书时，便居住在这间40m²的青砖小房。1986年，此故居被列为珠海市文物保护单位。

    遵从人文历史，结合对项目的全方位考量，形成如下规划方案构思。

    （1）建筑设计借助低密度的小独栋商业群组，与原文物保护建筑相互协同呼应，利用空间塑造和立面协同，构建出不对称的建筑群组，新老融合，古今映衬。

    （2）独栋商业街区继承了岭南建筑的独特风格，小天井、小庭院、小天窗、

修缮中的简氏大宗祠及苏曼殊故居（摄于2024年1月）

冷巷、青云巷等元素不仅具有岭南气候特色，而且为商业体验氛围增添了魅力。别样的岭南韵味，令人印象深刻。

（3）地块内有排洪渠穿过，巧妙地结合排洪渠进行景观处理，营造与生活场景协调的景观效果。

2. 产品特点

漫舒·溪里内部包含了简氏大宗祠及苏曼殊故居两座文物保护建筑、写字楼、商业、酒店以及住宅区。文物保护建筑位于项目中心核心地带，并以酒店为地标性建筑，强化打造"苏家巷"概念，最终呈现出规划、建筑体量、形态一脉相承且疏密有致的建筑观感。

漫舒·溪里的设计非常注重对文化遗产的保护与传承，主要以两座文物保护建筑为规划骨架，通过生动的回字形动线路径设计，形成可持续循环导向的商业环境。

其中城市展示界面设置整套较大体量商业，既满足主力店面的面积要求，又保障整体视觉的完整度与震撼效果。

地块内部设置一个个小体量商业，结合人行步道、风雨连廊、景观绿化等设计，形成完美的移步换景四维空间形态，既有逻辑可循，又富于生动变化。

设计方案将两座文物保护建筑之间的商业街进行切割，使其产生纵向贯通的串联关系，并在主轴线上打造开放广场，在外围设计大进深商业，增加实景体验感，保证商业的使用功能最大化。

入口广场和内部庭院广场通过不同风格的设计进行区分——入口广场具有明

图例

① 漫居入口
② 苏史景墙
③ 源点石头
④ 苏韵诗墙
⑤ 山墙树池
⑥ 砖瓦叠景
⑦ 樱花剧场
⑧ 书墨风雅
⑨ 苏家窄巷
⑩ 苏亭风轩
⑪ 缥缈遮影
⑫ 漫舒雕塑
⑬ 漫吟花园
⑭ 文化印记
⋯ 文物保护范围线

苏曼殊故居景观改造平面图

苏曼殊故居改造方案鸟瞰效果图

沿苏曼殊故居商业景观效果图（苏曼殊故居沿街商业）

苏曼殊故居围墙效果图

集聚的能量 ——城市更新背景下"新产城融合·工业上楼"的探索与实践

显的标志性，适合放置主力店铺和"网红"店铺，以实现引流和对外展示的目的；内部庭院广场设置了互动性强的店铺，如餐饮和游乐设施。此外，设计还考虑到外摆空间设置的可能性，以提升店铺的商业价值和活跃性。

（1）将原本拆除旧村落的砖瓦进行保存后在项目中二次使用，同时运用新型"修旧如旧"的美观材料，使故居得到活化利用和修缮提升，以保存历史记忆的延续与再造。其外表构造与肌理（屋顶、墙面）融入苏曼殊故居围墙的设计元素，两者进行串联和融合。再加上屋顶采用的钛锌板材质，能够长期地保持建筑的美感。墙面采用旧村落与故居原本的废弃砖瓦进行再造重生，搭配着木纹铝板的墙面，整体和谐美观。这种情理之中的空间感，无缝衔接中央生态绿廊和漫舒·溪里创意街区，既能唤起乡愁情怀的街区记忆，又提供了舒适宜人的驻足休憩场所。

（2）为了制造空间体现的穿越感，苏曼殊故居修缮设计时还运用了部分玻璃材料，进行空间的转换和体块的切割，令其在商业氛围之中更具功能性。在建筑的不同体块连接处设计的大小不同的玻璃盒子，令整个场景更为通透，有"取景映像"之感，再点缀着通透明亮且极具现代感的玻璃砖、炫彩玻璃、铜色木纹板等，建筑整体显得更为精致典雅，最大限度展现了立体结构充盈感，释放了时间与空间所构成的文化价值属性。

（3）商业街区的建筑设计结合岭南地区建筑特色，将传统的岭南建筑美学与现代建筑设计理念碰撞，形成了一种独具特色的建筑风格。建筑外观古朴典

街区商业透视效果图

室内装饰效果图

雅，以灰砖、黛瓦为主，颇具岭南特色。其内部设计则别具一格，运用伯努利原理和文丘里效应，实现了自然通风的最大化。这种设计在保证建筑内部空气流通的同时，也极大地改善了空间环境。

（4）在室内装饰上，漫舒·溪里的设计同样独具匠心，巧妙地融合了光、声、气等多重元素，使得室内空间既显得清幽典雅，又充满了现代感。柔和的灯

漫舒·溪里沿街效果图（泛光夜景）

集聚的能量 ——城市更新背景下"新产城融合·工业上楼"的探索与实践

光、舒适的家具、精美的挂画，每一个细节都经过精心设计，为用户营造了宜人的商业空间。这种将传统与现代完美融合的设计风格，既体现了对岭南文化的深深敬仰与传承延续，也展示了对现代科技的熟练运用，是岭南传统与现代科技完美结合的典范。

总体说来，漫舒·溪里的整体规划设计秉承了"用现代诠释传统"的理念，核心是中西结合的美学意境和文脉记忆。项目采用了"科创+文化"模式，将历史建筑的保护与商业创意融合，充分利用了文物保护单位深厚的人文底蕴，呈现出"古而不旧"的特色。设计通过与艺术、人文的融合，演绎古与今交相辉映，彰显着城市的独特魅力，为城市更新带来了全新的发展机遇。

3. 产品功能

以往为鉴，洞见未来。漫舒·溪里获评中国连锁经营协会旗下"金百合购物中心最佳实践案例"，并引入万豪国际集团酒店年轻活力品牌——雅乐轩。项目将塑造为珠海文旅商业新地标，为香洲区营造"三生融合"的优质营商环境，承担城市扩容、城市更新升级的重要使命，助力珠海加速实现产业与城市高品质双提升！

格创·智造｜新质生产空间

三期技术经济指标

用地面积	S1地块1.39万m²；S2地块1.34万m²；S3地块1.30万m²
用地性质	M0
容积率	S1地块4.43；S2地块3.97；S3地块3.99
功能构成	生产用房、配套用房
总建筑面积	S1地块6.15万m²；S2地块6.43万m²；S3地块6.17万m²
建筑高度	S1地块69.7m；S2地块69.2m；S3地块69.5m
建筑层数	S1地块无地下室，地上11层； S2地块地下1层，地上13层； S3地块地下1层，地上13层
停车位	S1地块35个（停车位指标0.06个/百平方米）； S2地块211个（停车位指标0.3个/百平方米）； S3地块220个（停车位指标0.27个/百平方米）
建设情况	S1地块于2023年7月竣工验收； S2、S3地块于2023年12月竣工验收

格创·智造鸟瞰图

1. 设计构想

三期用地位于珠海市香洲区三溪科创城首期格创·集城项目东侧，未来将与已启动的格创·集城项目互补发展，辐射、带动、补充产业及产业空间需求，在整个片区形成生产、生活、生态相融合的24小时生活圈，打造产城融合的新质生产空间标杆。

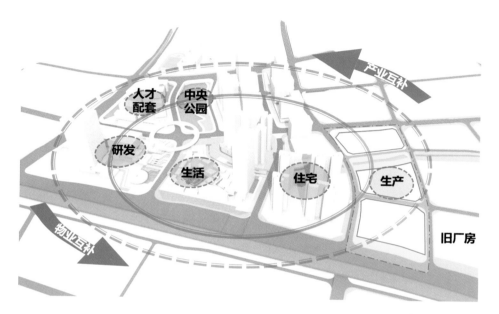

24小时生活圈打造

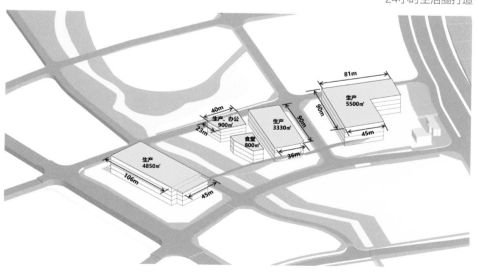

格创·智造整体设计布局

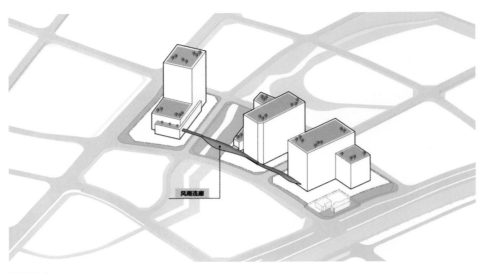

风雨连廊

　　项目总体分为3个地块，南北依次展开成带形，S2和S3地块之间有市政绿化景观带，在集约用地的情况下，3个地块都设计为高层厂房，整体东西向展开。S1地块设计1栋高层厂房，厂房根据用地范围整体呈L形；S2地块设计2栋厂房和1栋配套食堂，厂房主要为一字形，食堂布置在S2地块方便其他地块工作人员就餐，同时靠近景观，拥有良好的就餐视野；S3地块设计1栋一字形高层厂房。立面设计与机电管线布置相结合，将空间优化到极致，提高使用率，使建筑空间无死角。配置院士工作站，为新兴产业做准备。在3个地块的西侧，设计有风雨连廊，连接3个地块的厂房和配套设施，形成城市活力带。项目整体布局遵循"工业上楼"的生产流线要求，使生产空间最大化、功能分区有序化，同时结合市政绿化丰富底层空间，打造以人为本的新型生产园区。

2. 产品特点

　　三期是一期格创·集城项目生产闭环中的重要一环，项目3个地块的主要功能均为生产用房，采用"工业上楼"的做法，为一期补充新兴产业发展空间，并以最适用的一字形、L形平面布局，最大限度满足新质生产空间的使用需求。

　　（1）S1地块为解决大荷载及快速建造需求，不设置地下室。整个地块设置1栋11层L形高层厂房，标准层面积约5500m²，平面尺寸约90m×81m。每层

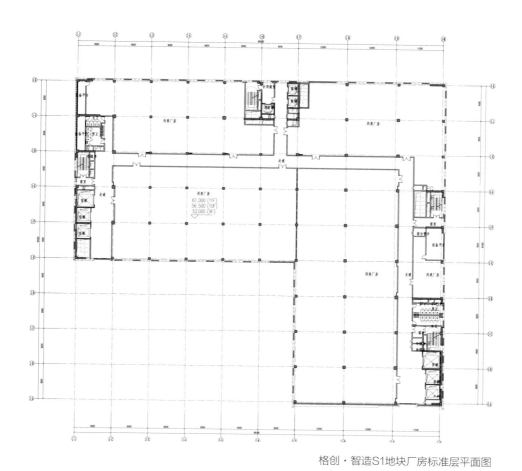

格创·智造S1地块厂房标准层平面图

食堂二层平面图

1个防火分区，可灵活分隔成多个单位或者整层作为大空间使用，最大使用率可达到90.0%。每层外墙设置2处吊装口，可满足不同层次的生产需求。

（2）S2地块设置1层地下室，地面设置2栋高层厂房和1栋多层食堂。其中1号厂房11层，标准层面积约3200m²，平面尺寸约88m×35m。每层1个防火分区，可灵活分隔成多个单位或者整层作为大空间使用，最大使用率可达到

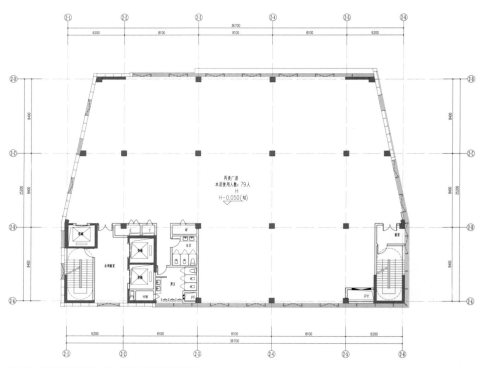

格创·智造S2地块2号厂房标准层平面图

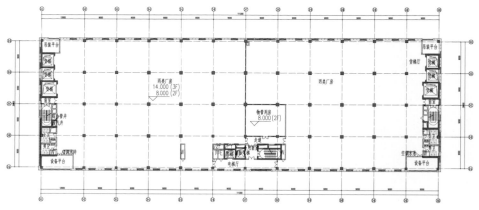

格创·智造S3地块厂房二、三层平面图

集聚的能量 ——城市更新背景下"新产城融合·工业上楼"的探索与实践

90.0%。每层外墙设置1处吊装口，可满足不同层次的生产需求。

2号厂房9层，标准层面积约950m²，平面尺寸约37m×25m。每层1个防火分区，整层作为大空间使用，拟设置院士工作站。食堂共3层，总面积约2400m²，为整个园区提供餐饮服务。

（3）S3地块设置1层地下室，地面设置1栋13层厂房，标准层面积约4200m²，平面尺寸约111m×36m，每层1个防火分区，可灵活分隔成多个单位或者整层作为大空间使用，最大使用率可达到85.0%。

3. 产品功能

（1）格创·智造是香洲区5.0产业新空间的重要组成部分，项目以5.0高标准"工业上楼"为主导，包含3个地块，总投资额约15亿元。

（2）作为格创·集城产业生产空间的延伸，项目整体将打造高标准厂房的新型产业载体，与三溪科创城其他项目辐射联动，互补发展，对赋能珠海产城融合、加强珠海市国有资产投资运营平台运作起到了关键作用，并将为主城区（香洲区）西北片区增加科技实体落户进行持续谋划，乘势推动大批高质量产业项目集聚落地。

格创·智造沿街透视图1

格创·智造沿街透视图2

集聚 ——城市更新背景下
的能量 "新产城融合·工业上楼"的
探索与实践

格创·慧城｜新质生产空间

四期技术经济指标

用地面积	S1地块2.89万m²；S2地块5.36万m²
用地性质	M1
容积率	4.0
建筑构成	S1地块，生产用房、配套用房； S2地块，生产用房、配套宿舍、配套用房
总建筑面积	S1地块12.80万m²；S2地块22.39万m²
建筑高度	S1地块68.95m；S2地块60.2m
建筑层数	地下1层，地上生产用房最高11层，食堂、宿舍楼15层
停车位	S1地块462个（停车位指标0.42个/百平方米）； S2地块 857个（停车位指标0.40个/百平方米）
建设情况	S1地块计划于2025年6月竣工验收； S2地块计划于2025年底竣工验收

格创·慧城鸟瞰图

1. 设计构想

　　四期用地位于珠海市香洲区三溪科创城格创·集城项目西北侧，与已启动的格创·集城项目辐射联动，互补发展。本项目也是满足片区城市更新的产业补充

格创·慧城整体平面图

格创·慧城沿街透视图

**集聚
的能量**　——城市更新背景下
　"新产城融合·工业上楼"的
　探索与实践

载体，将成为继格创·集城与格创·智造之后的新型智造空间填补，以满足定制型、新质生产空间的工艺需求及产业集聚的空间需求。通过空间适配，协同一部分优质产业优化工艺、优先"上楼"，由三溪科创城首开区启动辐射开来，带动园区产业全面升级。因此，格创·慧城的空间落位，再一次与整个片区形成新生产、新生活与新生态的充分融合。

（1）项目用地总体分为2个地块，南北依次展开成两区，以"工业上楼"为主，其中包括企业定制厂房，以及围绕企业上下游配置的具备强兼容性和灵活组合的生产空间，形成"链主+链条"的产业生态与空间织补。

（2）南侧S1地块规划了2栋一字形生产用房，依据数据显示并结合产业诉求，便于生产空间的使用和布置。园区的货运流线设在中间的广场，人行流线设在外围，同时借力城市公园绿地扩大服务于人群的休闲景观。这种布局既实现了人、客、货分流，又满足了"工业上楼"的生产流线要求，最大限度地提高了生产空间的使用率。同时，结合市政绿化，同步设计了S1、S2地块的入口广场及周围环境，丰富了底层空间，打造了一个以人为本的新型生产园区。

（3）北侧S2地块的生产用房也是一字形布局，食堂巧妙地布置在东侧的人行入口处，这样既方便了其他地块的工作人员就餐，又因为靠近东南侧的邻里中心，营造出温馨的生活氛围。

S1地块效果图

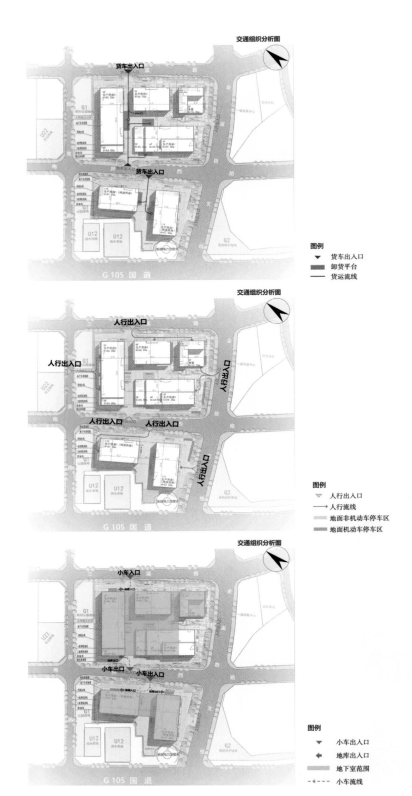

S2地块人车分流交通分析图（货运流线、人行流线、小车流线）

集聚
的能量　——城市更新背景下
　　　　"新产城融合·工业上楼"的
　　　　探索与实践

（4）机电管线的布置将空间利用最大化，充分彰显了高度集成的设计理念，与新质工业生产的工艺（配套）前瞻性布局相得益彰。

2. 产品特点

格创·慧城的建设是三溪科创城项目生产闭环的重要一环。项目2个地块的主要功能均为生产用房，并设置了1栋员工宿舍，底部为园区食堂，为方便员工使用，满足生产需要的两班倒或三班倒机制，原则上也增强了对安全生产的有效管理，提高了效率。

生产用房层高和荷载都根据预留功能进行了详细的设计。一层主要功能是丙类厂房、高压变配电房、低压变配电房、变压器室等，因此预留了较大的层高和荷载，设计层高为8m，荷载20kN/m^2；二至三层主要功能是丙类厂房，层高均为7m，荷载分别为20kN/m^{2}和15kN/m^2；四至六层主要功能是丙类厂房，层高为6m，荷载10kN/m^2；七至十一层主要功能是丙类厂房，层高为5.5m，荷载8kN/m^2；整个楼栋的层高和荷载由下至上均是逐级递减的关系，充分考量实用性与经济性，并满足相关规范规程。

（1）S1地块设置1层地下室，地面设置2栋一字形高层厂房，标准层面积约4800～5500m^2。每层1个防火分区，可灵活分隔成多个单位或者整层作为大空间使用，最大使用率可达到90.0%。每层外墙设置1处吊装口，可满足轻重生产需求。

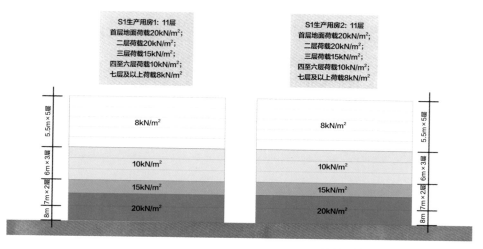

格创·慧城S1地块层高荷载控制

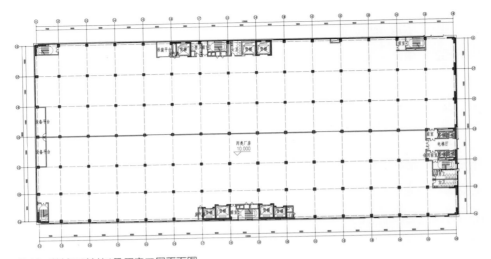

格创·慧城S2地块1号厂房二层平面图

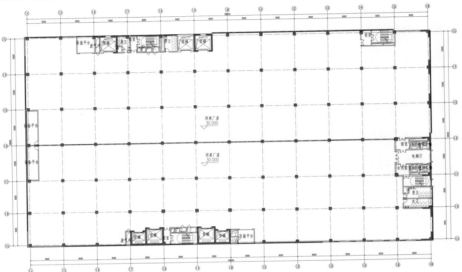

格创·慧城S2地块1号厂房五层平面图

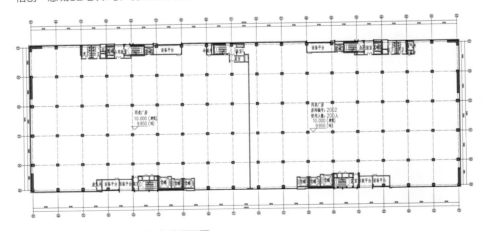

格创·慧城S2地块2号厂房标准层平面图

**集聚
的能量** ——城市更新背景下
"新产城融合·工业上楼"的
探索与实践

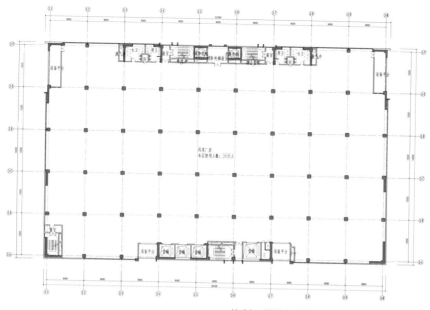

格创·慧城S2地块3号厂房标准层平面图

（2）S2地块设置1层地下室，地面设置3栋高层厂房和1栋L形高层宿舍，宿舍裙楼为食堂。其中1号厂房为9层，专门为企业定制，根据使用功能的需要以及对工艺升级的梳理，各层面积从2000～8000m²不等。底部每层2个防火分区，顶部每层1个防火分区。2号厂房9层，标准层面积约8000m²，每层1个防火分区，可灵活分隔成多个单位或者整层作为大空间使用，最大使用率可达到95.0%。每层外墙设置2处吊装口，可满足轻重生产需求。3号厂房同样为9层，标准层面积约4500m²，每层1个防火分区，可灵活分隔成两个单位或者整层作为大空间使用。4号宿舍楼共15层。其中，一、二层为智慧食堂，同时提供包间和订餐服务；三层为休闲娱乐，提供健身、图书、棋牌等活动室；四至十五层为宿舍，提供不同功能配置房间，满足不同层次需求，为整个园区提供产业配套服务。

3. 产品功能

格创·慧城打造适合产业发展的高标准厂房，满足不同企业不同的生产工艺及功能需求，是香洲区在城市更新背景下5.0产业新空间的延续和补充，是新质生产创新空间典范。

4.3 综合服务：从关注空间到关注人

　　一个优质的项目，有赖于各方力量的齐心协力，并具备灵活的机制和动态的管理，如此方能最大限度实现预期目标。

　　在项目启动之初，香洲区委、区政府和格力集团均已做了大量准备工作，如请行业知名设计机构深圳蕾奥规划设计咨询股份有限公司做的城市规划，戴德梁行房地产咨询（上海）有限公司做的产业研究策划，为项目开了个好头。然而，由于新型产业空间载体设计不同于传统的房地产和传统的产业地产设计，新型产业空间的开发建设本质决定了三溪科创城的运营，整个过程应该是产业导向而非地产导向。可是在具体操作上，市场的反应却常常呈现出南辕北辙的尴尬局面。最初引领项目谋划的产业思维，一旦进入开发阶段，又会重新回到地产思维的老路上，导致产业规划大多无法落地，企业诉求无法得到响应，也就更无法指引空间设计、满足产业诉求，乃至城市的可持续发展诉求，使得起初的产业研究最终沦为一份被束之高阁的产业报告。至于企业发展土壤的培育和城市产业生态的建设，就更加难以为继了。以设计为引领，是三溪科创城在设计之初首先要解决的困难，更是对各参与团队从设计到决策再到实施的专业协同、资源协同、能量协同等各方力量聚合之下作专业决策支撑的考验。唯有聚合之力，方能显现智者风范。

　　剖析产业地产的本质，无论是资产投入、开发周期、资金压力还是审计考核，都跟低成本圈地、低成本融资（在房地产行业飞速发展的情况下）、高周转运营的房地产有着巨大的差别。"码产业、投产业、融产业"是一条充满艰辛的道路，需要各方在业务上精耕细作，顶层设计、空间设计、实施路径设计等均要统筹兼顾各方面的利益，直到绘出可指导施工、可指导产品落位和运营的蓝图。

对于产业地产项目的载体建设，无可避免地需要大量资金周转、土地整备，而面对产业的转型升级，既要鼓励大众创新创业，建立孵化机制、挖掘有潜力的项目，又要同步启动"稳商"与"招商"，甚至需要打破传统的线性操作流程，让各相关方和项目流程同时开动、齐头并进，这就使得三溪科创城前期的开发面临着巨大的压力和全新的挑战。

在这种情况下，珠海市政府、香洲区政府和格力集团决定以顶层设计破局、坚持"产业第一不动摇"的方针，使得设计团队也需要思考破局之道，打破原有的"为设计而设计"的思维模式。最终，在专注城市新型空间载体设计十余年丰富经验的基础上，设计团队在建筑技术方面的数据积累发挥了重要的作用。格力集团则更是在一堆看似纷乱无序的项目进程中以超前的眼光、超高的水平、超强的整合力厘清了头绪，投入了大量人力物力财力到项目的顶层设计、空间设计和实施路径之中，从关注空间转为关注人，模拟产业导入、引进高科技人才，并以运营为导向、以结果为导向开展工作，成就了项目从起始就致力于为人才与技术赋能而建设的高标准空间载体。这一决策彰显了作为珠海市独家国有资本投资平台的担当，为珠海城市和产业的未来铺开了一幅宏伟的画卷。

■ 千淘万漉虽辛苦，吹尽狂沙始到金。

——唐·刘禹锡《浪淘沙·其八》

■（一）一次开发，彰显实力担当

三溪科创城拥有超过20万m²的建设用地面积，在规划之前都是些"老破旧"的厂房，项目基础不好，土地产权复杂，城市治理成效低，土地使用者、经营者、社会资本等利益相关方的诉求长期得不到响应。珠海市国土空间规划方案完成之后，三溪科创城的未来图景初步展现在大众眼前，但具体的实施却受到资金、人员、专业水平等方方面面的限制。如何以最小的成本实现复合、立体城市的建设，同时辅助城市实现产业转型升级，让产业与空间齐奋进、共繁荣，是摆在业主方和各协同方面前的最大难题。

项目初期各相关方的问题或诉求

利益相关方	问题或诉求
政府及相关职能部门	规划编制流程较长，规划审批难度较大
社区/村委会	拆迁补偿标准不合理
社会公众/村民	原产权人生活成本大幅增加
咨询机构	政策执行缺乏详细可行的操作规范
勘察设计单位	往往缺少城市运营的全盘思维，设计图纸牵涉面大而广，受主观与非主观等因素影响，决策权小，单一方面难以找到实施路径的破局之道，进而很难跟主体方产生共鸣
开发建设方	开发建设方承担的额外成本过高，可能导致管理混乱，进而引发项目决策失误；若未能与空间设计方达成共识，无法以共同设计的方式规划未来，将会使项目仓促启动；缺乏统筹规划研究的建筑产品，往往容易盲目跟风，成为市场上毫无特色的同质化产品，难以破局
金融机构	对项目的投资回报提出更高要求，不局限在产业地产，而是要达成产业与地产的共融共赢
运营机构	由于缺乏对产业的认知或经验不足，运营团队无法在设计阶段给出建设性意见； 运营通常在后期介入项目，在"米已成炊"的情况下主动或被动地将建成后的载体作为营销内容； 容易受房地产行业思维的影响，认为运营即销售，忽视与建筑专业技术的协同，既无法将工程技术转换成数据支撑，也无法协同有专业数据支撑的设计团队定方向，导致项目指标中往往缺少与运营相关的空间设置或预留

为做好三溪科创城的全生命周期规划、设计、建设、运营，珠海市政府、香洲区政府以及区管委会着眼于城市未来发展，权衡城市更新后"新城市旧产业"与"新城市新产业"的利弊，从珠海拟定一家本土化的市属国有企业作为项目的超强平台运营商，以解决各利益相关方的问题和诉求，找到破局之路。最终，格力集团脱颖而出、担当重任，既破除了资金、人才、专业水平等方面的限制，又协同政府在片区内进行道路代建、环境修复、文物保护等工作，同时在前期建起邻里中心、学校、商业等一系列城市更新配套设施，完成项目全生命周期运转的硬性空间设施，用最大力度减少或避免各板块之间的"孤岛效应"。其中的缘由，除了格力集团是珠海规模最大、实力最强的国有龙头企业，更重要的是，在近40年的发展历程中，格力集团先后孕育了格力电器、格力地产两个上市公

集聚的能量 ——城市更新背景下"新产城融合·工业上楼"的探索与实践

司，并后续组建了产业投资、建设投资、城市更新、建筑安装、服务运营等核心业务板块，积累了丰富的产业经验和项目经验。

以"大格局"应对"大变局"，是格力集团在面临越来越多、越来越严峻的风险挑战时坚定不移的先导思想。凭借其超强的整合力，以及与相关部门的密切协同，三溪科创城在首开区启动后逐步开疆拓土、部署产业，进而为二期、三期、四期的呈现夯实基底，新城市空间载体和新产业集群逐渐相得益彰，形成繁荣生态。从量变到质变的演进，实质上是人和技术的跃迁，为珠海在下一个百年征程中奠定了坚实的基础。

2022年4月，三溪科创城一期项目（格创·集城）已经建出地面

格创集城广场（S1地块）基础施工

格创集城广场（S1地块）地下室施工

格创集城广场（S1地块、S2地块）基础及裙房施工

格创集城广场（S1、S2地块）塔楼施工

格创集城广场（S1、S2地块）幕墙施工

格创集城广场（S1、S2地块）景观施工

建设中的三溪科创城

2024年8月，三溪科创城鸟瞰图，一期项目（格创·集城）已经竣工验收，二期项目（漫舒·溪里）超高层塔楼已经封顶，三期项目（格创·智造）已经竣工

GREE 格力集团

格创·三溪
5.0产业新空间
研发办公 标准厂房
898 9888

■ （二）二次开发，聚焦产业变化

如前所述，产业地产的本质是产业，是城市持续发展的根基，各方在经济效益面前都应树立全局思维。做产业地产如果只算地产的经济账，就有可能只是一次性投资，让城市的发展格局停留在买地卖地、买楼卖楼阶段，只有孵化产业、壮大产业、形成产业链闭环，才是持续性投资，才是对"守正创新"的有力解读。因此，有别于传统、常规的地产项目，三溪科创城的谋划是为了珠海的长远利益，早在规划之初就做好了持续投资的准备，用数据说话，用数字化作精细化管理，不断在矛盾中前行，寻找突破点。

这是有前瞻判断、勇于改革、守正创新、笃定践行的表现，是格力集团与相关行政审批部门和协同单位坚定信念、穿越迷雾、并肩作战的典范。这也是在体系和政策上的创新尝试，在城市更新的案例中取得了重大突破。深总院设计团队中标并参与了项目的全过程建筑设计，凭借多年来以运营为导向的规划设计（流程）要点把控研究和丰富实践经验，协同开发运营单位全方位开展工作，并以建筑设计为基础，多维度指导现场施工和后期的项目运营，让各相关利益方的诉求最终在建设蓝图中一笔一画地绘制完成。整个过程虽然艰辛、繁重，但这是为城市的美好建设而进行的精耕细作，对于设计团队而言，都值得全力以赴。

■ 琢之磨之，玉汝于成。

——宋·王炎午《赠戴石玉》

通常来说，对产业规划的研究，应以产业发展规律为导向，满足不同产业、不同企业以及不同人群的需求和期望，制定相应的产业发展策略和措施，增补与优化产业空间，加强产业发展协同。为了在三溪科创城形成24小时生态圈和5~15分钟步行系统，最大限度释放产业活力，推动未来低碳城市的建设，实现"从关注园区到关注城市""从服务企业到服务人"的转型升级，结合项目实际，三溪科创城必须在片区内配有居住用地才能满足系统的要求。但在当时，"工业上楼"和城市更新并没有明确的政策和规定以支撑居住用地

的配置，于是业主方、设计团队和各参建方只好在新型土地政策中寻找破局之道。

功夫不负有心人。《珠海市新型产业用地（M0）地价管理实施细则》[①]的第二条规定："新增新型产业用地（M0）用地面积大于等于50000m²且计容积率建筑面积大于等于200000m²的，需配置一定比例商务用地（B2）、配套型住宅用地（R0）的，原则上应依据城乡规划用途划分为不同宗地，单独出具宗地建设用地规划条件且单独供地。"整个团队通过仔细研读各项政策法规，决定用好这条细则，然而问题也随之而来，为做到该细则提出的要求，需要解决三个新的问题：一是必须让业主方为项目争取更大的土地面积，同时解决好土地产权和用地性质的问题；二是必须保证足够的容积率，才能使空间问题与经济测算问题完美结合，满足项目的多业态功能布局；三是必须让经济测算和产业规划达到更高的水平，为各利益相关方注入更强的信心。

挑战是巨大的，但选准的方向是坚定的。在整个团队的共同努力下，深总院设计团队通过深入的研究和分析，以前瞻思维和前置管理，用非线性流程管控模式为项目整体落位作了大胆创新与促进制度改革的尝试，过程中的难度不言而喻。在市、区政府和业主方、相关协同作业单位的大力支持下，各方都认识到了

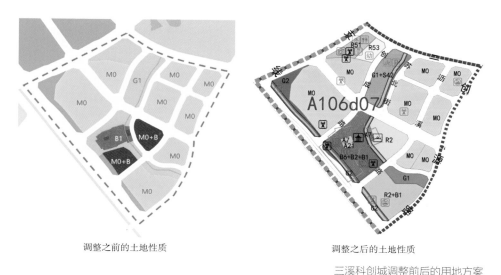

调整之前的土地性质　　　　　　　　调整之后的土地性质

三溪科创城调整前后的用地方案

图片来源：《珠海市香洲区三溪科创小镇片区城市设计及控制性详细规划（2022年修改）》

① 详见珠海市人民政府官网．https://www.zhuhai.gov.cn/zw/fggw/ztfl/gtzy/content/post_3024388.html.

三溪科创城目前实施的规划方案鸟瞰图

图片来源：深圳市蕾奥规划设计咨询股份有限公司

集聚
的能量 ——城市更新背景下
"新产城融合·工业上楼"的
探索与实践

方案调整之后的价值、内容、投入产出比，以及各方应该扮演的角色，也认识到了"产业集聚亦是人才集聚"的逻辑，城市更新和"工业上楼"对应的是人才和技术的双重驱动，时机非常宝贵，因此，相关行政审批部门和协同单位各方积极配合，引导项目快速落地。

未来，三溪科创城的高端智能制造、高端电子信息、总部经济、数字经济等特色产业将驶入更快、更深入的发展通道，为城市运营带来持续的动力。

然而，只是建造空间产品、算好经济账还不够，对于三溪科创城的未来发展而言，打造适宜产业创新、企业创业和个人成长，满足生产、生活、生态"三生融合"的环境，是比硬件建设更加重要的事情。尤其是个人成长，从传统的房地产、产业地产到以三溪科创城为代表的新质产业空间，"人"被放到一个更加中心的位置上，业主方除了关注政商环境、提供必要的生产办公空间，还必须关注同类企业的集聚效应和企业间的协作，营造更适合人们工作、生活、休闲的成长环境，吸引更多教育程度高、训练有素的高级人才，使得公司内部、公司之间和产业之间的人才交流互动更加频繁和顺畅，形成一种学习进步、协同发展的磁场和氛围。

也就是说，业主方的运营服务，既要聚焦产业的变化，更要从关注空间逐渐转移到关注人即产业从业者的需求上。毕竟，产业的需求，归根到底是产业从业者的需求，是人的需求。除了协同政府招商引资，更重要的是人才引进，只有这样，才能全方位满足企业和机构的多元化需求，促进业务发展和创新，同步提升科学技术水平和科技成果转化能力，在创新应用中实现园区乃至城市的可持续发展。

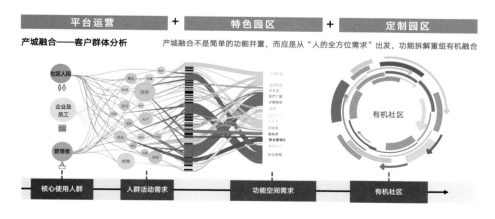

打造符合使用人群活动需求和功能空间需求的"有机社区"

05

园镇合作

——东莞松山湖科学城
智慧城项目规划始末

5.1 重塑产业空间，开启发展新篇

　　东莞，这座在改革开放春风中迅速崛起的制造业名城，以其独特的"各镇分治"模式在经济发展的道路上创造了瞩目的成就。然而，随着经济和社会发展步入更高层级，这种分散的发展模式面临着土地零碎化、低效化，产业迭代空间受限，以及城乡区域发展不平衡、不充分等难题。

　　在发展的进程中，土地使用方面的问题也逐渐凸显，成为制约东莞进一步腾飞的瓶颈。为了打破困境，东莞从未停下积极探索的脚步，而是不断优化土地使用结构，加强土地节约集约利用，并通过城市更新、"三旧"改造等方式，努力提高土地利用效率，以适应城市发展的崭新需求。

　　正是由于东莞在土地使用问题上的积极应对和不懈探索，才使得其经验和做法具备了广泛的参考价值。因为东莞面临的这些问题，不仅仅是自身发展的挑战，也是广东省乃至全国的一个缩影，其解决思路和解决方法对于其他地区具有重要的借鉴意义。东莞在探索解决这些问题的过程中，既充分发挥自身优势、寻求破局之道，也积极响应国家战略，协同区域发展，形成合力推进的格局。

　　党的二十大把高质量发展作为全面建设社会主义现代化国家的首要任务，对推进城乡融合、乡村振兴和区域协调发展作出了战略部署。2022年12月8日召开的中国共产党广东省委第十三届委员会第二次全体会议提出，要突出县域振兴，高水平谋划推进城乡区域协调发展，实施"百县千镇万村高质量发展工程"（以下简称"百千万工程"），推动城乡区域协调发展向着更高水平、更高质量迈进。

　　城乡区域发展不平衡是广东高质量发展的最大"短板"，也是最大"潜力板"，"百千万工程"的深入实施，标志着广东省吹响了破解城乡区域发展不平

东莞的土地空间痛点分析

痛点1: 空间规划难以推进	痛点2: 通用型厂房过剩
很多镇街仍然留有传统工业厂房与城中村混杂的面貌，尽管有部分城市规划已完成，但整体空间规划升级却进展缓慢，影响了城市更新步伐，也阻碍了产业迭代升级，导致"地少、地贵、地散、低效"等问题接踵而至，极大地制约了产业的集约化发展	随着东莞市产业结构的调整和转型升级的深入推进，非由产业定向研究导向的空间设计，即大面积建设的通用型厂房市场已趋向饱和，变相给存量市场增加的压力，使得无效空置率与有效供给之间的矛盾不断加剧，东莞产业空心化日趋明显，城市转型之路面临严峻挑战

痛点3: 地产导向制约产业集群	痛点4: 传统规划通病
传统产业运营平台以"地产开发"为导向，产业空间适配性差；实体企业为导向的园区缺乏完善的信用评价及信息共享机制，中小企业融资可得性较低。同时，产业链相应配套设施较为薄弱，存在"缺链"现象，未能形成协同效应，制约了产业集群和城市更新迭代进程	传统工业园区存量过大，产品过轻（C65[①]、M0）与过重（M1）的两极分化严重；"二房东"把持市场，限制了产业空间市场的良性发展；周边的"增资扩容"缺乏理性思考与科学落位。前期产业规划和空间规划落实力度不足，尤其是未结合模拟运营导向而进行精细化的设计研究和动态管理，导致无论是旧有空间还是新建载体，均存在基础设施无法满足新质生产力的工艺需求等问题。同时土地集约利用效率低，无法破解土地瓶颈，加大了市场存量压力，阻碍了产业深化转型

衡问题的"冲锋号"，为实现区域协调发展、促进共同富裕提供了强有力的支撑。在将"百千万工程"作为"头号工程"全面推进的过程中，东莞充分发挥了市直管镇、集体经济等优势，统筹推进产业升级、城市更新、绿美东莞、乡村振兴等任务，做好"镇域经济""乡村全面振兴""城中村改造""城市空间""对外帮扶协作"等工作，构建更高水平的城乡融合发展格局。

■（一）"百千万工程"纵深推进

广东省实施"百千万工程"，其核心目标是破解城乡发展不平衡的问题，全面提升乡村发展水平，以实现城乡一体化和农业农村的现代化。这一工程不仅是广东省塑造区域优势、优化经济结构、增强发展动力、实现社会价值的重要举措，更是推动地区经济高质量发展的关键战略。东莞作为广东省的重要城市之一，在

---

① C65土地类型通常指的是科研设计用地。类似的，M0通常指新型产业用地，M1通常指一类工业用地。

"百千万工程"的推进中扮演着关键角色。东莞的实践和探索，不仅能够为自身带来转型升级的机遇，而且将为广东省乃至全国的城乡发展提供宝贵经验。

2023年5月6日下午，东莞召开市委农村工作会议暨全面推进"百县千镇万村高质量发展工程"构建更高水平城乡融合发展格局动员大会，印发并解读《东莞市全面推进"百县千镇万村高质量发展工程"构建更高水平城乡融合发展格局的实施方案》（以下简称《实施方案》）。

根据《实施方案》，东莞将按照"一年开局起步、三年初见成效、五年显著变化、十年根本改变"的目标任务，推动镇村"创先、进位、消薄"齐头并进，把市镇体制特点、镇的优势、村的资源更好地统筹起来，在全市形成比学赶超、跑马突围的氛围，实现全市镇村实力的整体提升。同时，《实施方案》围绕推动镇域高质量发展、建设宜居宜业和美乡村、高水平城乡融合发展、省内对口帮扶协作等四方面重点工作进行部署，对标先进推动镇村经济高质量发展，整体提升全市镇村实力。

为了动员全市上下全面动起来、干起来，东莞市"百千万工程"指挥部以构建"1279"示范引领体系为牵引，推动市"百千万工程"工作进一步走深走实。

"1279"示范引领体系[①]

项目	具体内容
打造一个综合示范片区	南城街道、厚街镇城乡接合部区域，面积约104km²（打造成为城乡融合、产城融合、科创+制造融合、生态+人文融合的集中展示区域，再造一张东莞新名片）
打造两个示范镇	长安镇（打造镇域经济高质量发展样板），洪梅镇（打造后进镇赶超发展样板）
打造七个村级标杆	中堂镇潢涌村（综合发展特色），凤岗镇雁田村（产业引领特色），南城街道石鼓社区（城乡融合特色），东坑镇丁屋彭屋黄屋村（乡村韵味特色），万江街道滘联社区（水乡风韵特色），茶山镇南社村（古村保育活化特色），塘厦镇林村社区（产城融合特色）
开展九大行动	一是镇村规划提升行动，强化规划龙头，抓住国土空间规划、示范点规划、关键专项规划等重点，建立健全规划实施监督机制，确保各项工作能够立足当前着眼长远，确保一张蓝图绘到底。 二是绿美城乡建设行动，在精准提升森林质量，优化林分、改善林相的基础上，突出村庄绿化、道路沿线绿化、滨水岸线绿化，抓好群众身边的绿美提升。

① 资料来源：周桂清. 开展9大行动，再造一张东莞新名片［N］. 东莞日报. 2023-09-05.

集聚的能量 ——城市更新背景下"新产城融合·工业上楼"的探索与实践

项目	具体内容
开展九大行动	三是村容村貌提升行动。统筹推进环境卫生整治、圩镇秩序管控、环境品质提升、高速高铁沿线整治等工作，所有镇中心区和大部分村（社区）达到美丽圩镇省级示范样板建设标准，推动镇村面貌大幅提升。 四是城中村改造提升行动。先行推进4个街道12个首批示范项目，28个镇每年推进1～2个城中村改造，通过"一镇街一方案""一村一策"，"留、改、拆"多种方式结合，攻克城中村改造这个"老大难"问题。 五是新型农村集体经济发展行动。壮大集体优质物业体量，拓宽股权投资型、服务型经济等集体经济多元实现形式，"一村一策"扶持50个重点帮扶村、29个无分红村组发展。 六是镇村工业园改造提升行动。以5年打造10万亩现代化产业园区为牵引，加快镇村工业园改造，加大连片产业净地、高标准厂房和高品质低成本产业空间供给，更好支撑产业升级和村民增收。 七是全域土地综合整治行动。作为破解东莞土地利用碎片化、低效化问题的重要抓手，抓好国家、省、市试点建设，加强耕地整理、低效用地盘活、生态功能修复，加快破解土地瓶颈。 八是党建引领基层治理创新行动，探索特大城市基层党建引领基层善治和千万人口共生共荣之路，全面增强村级党组织功能，推进"多员合一""多网合一"综合网格改革，以持续推动公共服务均等化促进本外人口融合，全面提升基层现代治理水平。 九是省内对口帮扶协作行动，突出产业共建，抓好援韶援揭产业合作园建设，开展就业、消费、教育、医疗等多领域帮扶协作，确保省下达的各项帮扶任务全面落实

镇域强，则东莞强；乡村兴，则东莞兴。"百千万工程"是一项系统工程，涉及方方面面，东莞立足自身实际，以综合环境整治为先手棋，以拓展高品质产业空间为主抓手，以探索新型集体经济有效实现形式为推动力，以党建引领基层治理创新为基础保障，通过开展九大行动，全方位推进镇村两级高质量发展。

位于东莞中部的松山湖科学城，虽然在短短20多年间完成了从荔枝林到产业园、国家高新技术产业开发区、科学城的"三级跳"，成为全国第4个综合性国家科学中心，但成就的背后也有许多隐忧与挑战。由于土地资源日益紧张，如何在"镇镇有资源，处处有机会"的特殊行政管辖下，通过优化土地利用结构、提高土地开发强度、加强土地复合利用等手段，最大限度地挖掘土地潜力、填补在大科学装置与企业之间所缺失的空间载体、推动城乡融合与区域协调发展，成为松山湖科学城统筹优质产业、填补缺失产业、孵化战略性新兴产业和未来新兴产业亟待解决的课题。

在城乡融合发展的背景下，松山湖科学城还承担着推动区域协调发展的重要功能。科学城所在的大朗镇及周边区域，虽然受益于科学城的辐射带动效应，但城乡发展不平衡、公共服务设施不完善等问题依然存在。

松山湖科学城智慧城项目（包含科学城智慧城一期、科学城智慧城二期，以下简称"智慧城项目"）在这样的背景下接过了重任。该项目以"在存量中挖掘增量"为核心理念，承载着空间赋能与产业提质的双重使命——一方面是驱动城乡更新与产业深化转型，另一方面是探索新集体经济在园镇合作当中互惠互利的共赢模式。因此，智慧城项目不仅着眼于构建现代化、智能化的产业空间，更致力于借助大科学装置硬科技区位优势，实现"创新链"与"产业链"之间的成果转换，配套松山湖国家科学中心大科学装置科研转化和溢出的中试平台，培育一部分战略性新兴产业和未来产业作成长性空间赋能，打造高品质浪漫科技智慧示范园参考样本，通过高品质的环境营造与完善的配套设施，吸引并留住顶尖人才，为东莞乃至粤港澳大湾区的科技创新注入新的强大动力。

■（二）一体化设计管控，新时代面向硬科技创新空间载体的规划探究

过去200多年间，在工业化浪潮①的席卷之下，社会分工变得越发精细，使得生产力的发展得到很大的提升，促进了经济的繁荣。建筑行业的分工也在浪潮的推动下逐渐细化，出现了专门的规划师、设计师、工程师、造价师、施工人员等。这种分工的细化使得每个环节都能够更加专业化和精细化，从而提高了整个建筑行业的效率和质量。

然而，时至今日，当我们面对诸如全球性的环境污染、资源短缺以及重大公共卫生安全事件等重大问题时，过度细化的社会分工却暴露出弊端。由于各个领域和部门过于专注自身的职责范围，难以迅速形成合力，导致问题容易被割裂和孤立，使得问题的解决变得困难重重。建筑行业的分工细化在带来诸多优势的同时，也存在着协调沟通成本增加、项目周期延长、整体视野缺失、责任界定模糊、创新思维受限等不容忽视的问题。

---

① 从全球范围来看，18世纪60年代的英国工业革命通常被视为工业化的起点。

要改变这一现状，就必须打破传统的思维模式，从顶层设计入手，导向建筑空间载体的一体化设计和考量。

正所谓"有道无术，术尚可求也；有术无道，止于术"。基于对当前社会发展趋势和需求的深刻洞察，智慧城项目的规划设计并未局限在建筑行业的狭窄范畴内，也没有遵循传统的"项目解读+规划方案"的固有设计思路，而是大胆突破了常规的束缚，尝试形成一套一体化设计和整体解决方案，致力于协调供给与需求、增量与存量、生产与应用之间的矛盾，使其达成对立统一①，并且着重抓好产业链和创新链的关键环节，为松山湖科学城开创全新的发展格局。

在项目开启设计之前，松山湖管委会、科学城集团已经做了许多前期工作，例如提前跟水平村、屏山村村委进行沟通，确定项目实施的发展前景与必要性，达成开发基本共识，签署相关协议；进行土地整备及控规调整，将地块内原总体规划非建设用地、道路用地调整为一类工业工地，同时满足整体区域内非建设用地占补平衡、绿地占补平衡和限建区占补平衡的要求；委托相关规划设计院设计强排方案②，论证项目的可实施性，如交通影响分析、技术可行性分析等内容。这些前期工作为后续项目的顺利推进奠定了坚实的基础，创造了有利的条件。

深总院加入智慧城项目之后，以多年来积累的产业建筑设计经验，并运用在多个项目经验中提炼而形成的《新质园区建筑设计指引》（内控文件），在"四力"叠加的多方合力思考基础之上，以数据支撑，敏锐洞察项目特点和空间需求，结合松山湖科学城已有的较为成熟的产业体系，提出"一个目标，两项价值，三道策略"的项目愿景，围绕大科学装置打造"一核四区"的高瞻性布局，深度剖析项目所在地的地理优势、资源禀赋以及潜在的发展机遇，充分考虑未来可能面临的挑战和风险，制定出具有前瞻性和适应性的规划设计方案。

同时，深总院设计团队积极引入先进的设计理念和技术手法，如调动产业数据、运用新工具进行数字化建模，以提高出图速度与质感，提升项目的品质和竞争力；并与科学城发展集团携手，针对项目的产业策划、规划设计以及模拟运营

---

① 矛盾的对立统一是哲学中的一个重要概念，指的是矛盾双方既相互对立、相互排斥，又相互依存、相互贯通，在一定条件下相互转化。矛盾的对立统一规律是对事物发展变化本质的深刻揭示，它让我们认识到事物不是孤立、静止和片面的，而是在矛盾的运动中不断发展和变化的。

② 强排方案是指根据地块的规划指标排布建筑的基本方案，按照建筑强制性规范尽可能布置建筑轮廓。

智慧城项目愿景

- **一个目标：**
- 借助大科学装置硬科技区位优势，实现"创新链"到"产业链"之间成果转换，打造高品质浪漫科技智慧示范园参考样本。

- **两项价值：**
- 助力工业信息化、信息工业化，以推进"两化"深度融合，实现产业转化；
- 通过空间赋能、产业提质，在存量中码增量，促进东莞城乡更新建设。

- **三道策略：**
- 强化生产链：完备企业生产空间及配套，重构特色产业链，重塑城市高效发展新格局；
- 优化产品链：集结特色产业全链条，加速上下游产品迭代升级；
- 活化消费链：以新经济模式带动国内外市场融合发展，重新定义"世界工厂"的东莞。

总体空间布局"一核四区"和主要产业

- **一核：**
- 依托中国散裂中子源，进一步集聚重大科技基础设施、形成重大原始创新策源地。

- **四区：**
- 大学院所集聚区：集聚世界一流大学或学院、新型研发机构、科技企业孵化器，促进科技成果高效产业化；
- 新一代信息技术与生命科学产业中试验证与成果转化区；
- 新材料产业中试验证与成果转化区；
- 深莞科技成果合作转化区：充分发挥黄江地处莞深边界，连接两大科学城的地缘优势，积极承接两地科学城创新成果落地转化，打造深莞科技成果合作转化区。

- **主要产业：**
- 新一代信息技术、集成电路、高端装备制造、新材料、新能源、人工智能和生物医药七大产业。

中的最终使用人群等方面展开共同设计，以实地调研数据辅助探讨全方位功能特点以及后期运营等工作，在实施进程中持续进行方案比选、优化调整、数据筛查，及时化解出现的问题和困难，朝着预期目标稳健前行。

在项目朝着预期目标迈进的过程中，周边产业的发展机遇也不断涌现。位于东莞松山湖的中国散裂中子源（中国科学院高能物理研究所）这一应用型公共装置，其核心在于实现产业的深化与转化，因此对于周边区域的产业发展有着重要的引领和推动作用。智慧城项目紧邻松山湖科学城大装置区，需充分借助这一优势，积极探索和推动产业深化与转化，例如利用中子散射技术在材料科学技术、物理、生命科学、化学化工、资源环境、新能源等领域无可替代的优势，促进相关产业的技术创新和产品升级，吸引更多高端人才和优质企业入驻，形成产业集聚效应。

中子技术还可以延伸到生物医疗领域，辅助肿瘤和癌症的治疗。例如让病人先注射硼类药物，药物会与癌细胞精准结合，而后通过中子照射，精准"爆破"癌细胞，只消灭形状复杂的癌细胞，而不损伤正常组织。除此之外，还可以基于中子技术开展更多前沿的医学研究和临床应用，推动生物医疗产业的快速发展，为人类健康事业带来新的突破和希望。

建成之后的中国散裂中子源将会吸引数百支生物、化学、物理学家组成的实验队伍前来开展实验，目前确定的首批用户超过100个[1]，注册用户已超过6000人[2]，国内潜在用户在500个以上[3]。以他们为代表的科研力量，将会发挥前所未有的巨大的产业引领作用，他们不仅能带来前沿的科学研究成果和创新的技术应用，还将促进相关产业的深化转型升级，推动产业链的延伸和拓展。这些科研人员将通过与企业的合作，加速科研成果的溢出、转化和落地，催生新的产业形态和商业模式，他们的研究工作也将吸引更多的资金投入和政策支持，营造良好的创新创业生态环境。此外，他们所培养的高素质人才也将为产业的持续发展提供源源不断的动力，促进区域经济的繁荣和社会的进步。

除大科学装置外，华为这个超级链主以及香港城市大学等一批科研机构，也将为东莞、湾区以及全国的产业结构深化注入强大的创新动力和技术支持。华为

---

① 资料来源：中国科普博览网。
② 资料来源：2024年3月30日举行的中国散裂中子源二期工程启动会。
③ 资料来源：中国科普博览网。

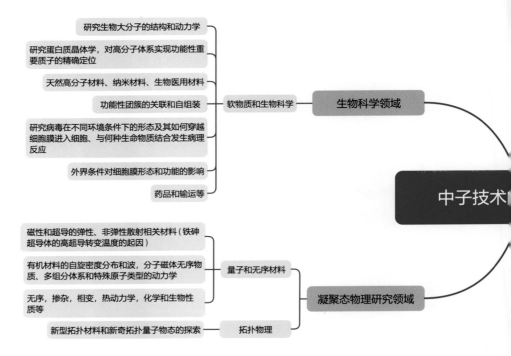

中子技术的具体应用

凭借其在通信技术、芯片研发等领域的领先地位，能够带动上下游产业链的协同发展，吸引众多相关企业聚集，形成产业集群效应。同时，其持续的创新投入和高效的研发机制，将推动整个行业的技术进步和产品升级，促进产业向高端化、智能化方向迈进。香港城市大学等科研机构则通过开展前沿科学研究和培养高素质人才，为产业提供源源不断的创新理念和专业人才。其科研成果的转化和应用，能够催生新的产业领域和增长点，提升产业的核心竞争力。此外，这些科研机构与企业的合作交流，将加速知识和技术的传播与扩散，促进产学研深度融合，推动产业结构的优化和升级。

为将产业发展需求在空间载体上得以完美实现，深总院设计团队对智慧城项目进行了全方位且深入的设计规划——针对不同产业的工艺提升进行精细化剖析，梳理不同产业、不同工艺在空间上的共性与特殊性；针对产业及产业链的共性需求和个性化定制需求，在空间规划中也给予充分考量。因此，智慧城项目从规划初始，就依据用地权属、用地性质、用地形状、周边业态等，巧妙结合地形地貌展开空间规划与建筑产品设计研究，以最大限度地满足战略性新兴产业和未来产

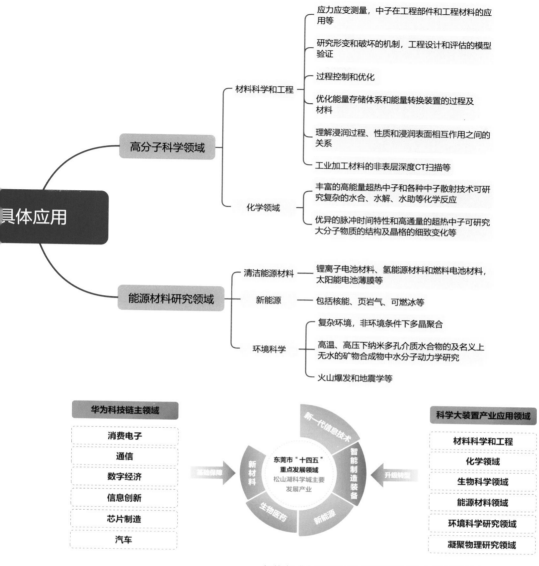

具体应用

高分子科学领域

材料科学和工程
- 应力应变测量，中子在工程部件和工程材料的应用等
- 研究形变和破坏的机制，工程设计和评估的模型验证
- 过程控制和优化
- 优化能量存储体系和能量转换装置的过程及材料
- 理解浸润过程、性质和浸润表面相互作用之间的关系
- 工业加工材料的非表层深度CT扫描等

化学领域
- 丰富的高能量超热中子和各种中子散射技术可研究复杂的水合、水解、水助等化学反应
- 优异的脉冲时间特性和高通量的超热中子可研究大分子物质的结构及晶格的细致变化等

能源材料研究领域

清洁能源材料 —— 锂离子电池材料、氢能源材料和燃料电池材料，太阳能电池薄膜等

新能源 —— 包括核能、页岩气、可燃冰等

环境科学
- 复杂环境，非环境条件下多晶聚合
- 高温、高压下纳米多孔介质水合物的及名义上无水的矿物合成物中水分子动力学研究
- 火山爆发和地震学等

华为科技链主领域
- 消费电子
- 通信
- 数字经济
- 信息创新
- 芯片制造
- 汽车

新一代信息技术
智能制造装备
东莞市"十四五"重点发展领域 松山湖科学城主要发展产业
新材料
新能源
生物医药
基础保障
升级转型

科学大装置产业应用领域
- 材料科学和工程
- 化学领域
- 生物科学领域
- 能源材料领域
- 环境科学研究领域
- 凝聚物理研究领域

东莞市"十四五"重点发展领域松山湖科学城主要发展产业

业的不确定性设计需求，在符合工艺且为工艺升级做好预留的实用需求上，设计灵活兼容的空间。例如，在大型生产线、重型设备以及特殊工艺的参数要求情况下，进行科学合理的空间布置，力求以独具创新的新质生产空间的形态精彩呈现。

在此过程中，不管是设计方，还是建设方、代建方或者运营方，在绘制图纸之时，都不存在甲、乙、丙、丁方之分，也没有你我之别，更没有边界之限，从手中产出的每一张图纸，都要求设计者始终秉持"整体解决方案"与"一体化设计管控"的理念，无论是整体规划、细节设计，还是功能布局、产品研究、环境

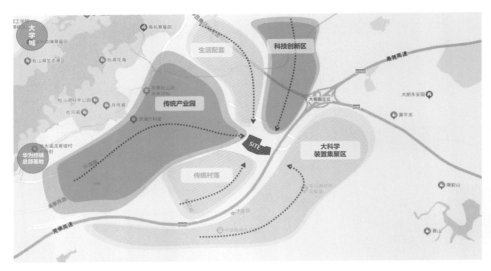

智慧城项目所在的位置
底图来源：百度地图

营造，都进行了系统的统筹与协调，同心同德，以排除万难的勇气设计出独具匠心、品质卓越的精品。

设计团队也在努力通过一体化的设计管控，保证空间规划和建筑产品能够相互交融、相互支撑，构成一个有机的整体，同时充分借助地块之外的地形地貌以及周边的资源环境，全力营造项目内外的良好氛围和独特空间，致力于打造绿色生态、配套设施完善且能够吸引并留住人才的新质园区环境，与现有的周围环境形成互补互利、相互促进的和谐格局。

可以预见，智慧城项目将在产业融合与创新发展的道路上不断取得突破，成为推动经济高质量发展的强劲引擎。项目的落地不仅能通过土地收储盘活增效，大幅提高村集体的收入，还将有力地解决松山湖科学城近期在产业中试和成果转化方面的需求，加快产业立新柱、促转型，强力拓展连片土地空间，为松山湖功能区统筹发展及东莞市"百千万工程"提供生动鲜活的范例。其中所展现出的一体化设计管控理念和创新实践，将激发更多的探索与尝试，为城市和区域的发展带来新的活力与机遇。

科学城集团也将以此项目为契机，依托松山湖的资源禀赋、产业基础和科研条件等优势，不断深化自身在产业运营和服务领域的能力，为自身打造松山湖科学城综合投资运营服务平台积累丰富经验，为区域经济的繁荣作出更大的贡献。

**如何打造新时代、面向硬科技发展，
促进新质生产力的创新空间？**

—— **设计构想**

1. 加持前沿科技装置平台，为产业提质聚能。

2. 提升空间产品适配性和竞争力，应对市场未来变化。

3. 优化产业配套空间，并融入历史烙印和岭南文化，帮助人们留住历史、记住
   乡愁。

4. 精细化的管理模式和精准的设计落位，提供灵活多变的新兴产业空间，
   为企业发展提供良好的产业环境，吸引优秀的创新企业和人才入驻。

—— **设计亮点**

1. 在有限的空间及条件限制下，打造新时代面向硬科技的高端化、智能化超级
   母工厂基地及具备岭南建筑地域特色新质园区。

2. 基于本项目土地权属、土地性质、地貌形态以及未来运营对产品适配性的特
   殊需求，创造性地提出"分栋不分缝，分缝不分栋"的产品理念（指的是整
   体外观看上去是一栋楼，但是其实沿塔楼平面长向进行了结构设缝切割，并
   且在使用功能上可跨缝组合，因为设置了柔性连接装置，结构缝不影响建筑
   使用功能。详见下文"设计策略"）。设计在最大化满足产业适配性需求的同
   时，也营造出独特的建筑形态，让人们对工业园区的印象耳目一新。

3. 充分解读规划设计要点的要求限制，合理结合规范要求进行设计，并结合实际
   运营需求，营造高效、灵活、舒适、人性化的产业空间。实现技术与经济的相
   互转换，让空间更有空间，让载体更有溢价的可能。

5.2 打造高品质浪漫科技智慧示范园参考样本

作为东莞市首例园镇合作项目，东莞松山湖科学城智慧城项目不仅是空间载体上的全新定义，更是面向全球第五次产业转移[①]，围绕先进制造及新材料产业，着重承载以散裂中子源等大装置大平台重大成果转化，以增量带动存量，逐步新产业的全面革新。

在产业定位方面，智慧城项目充分利用其毗邻松山湖大科学装置集聚区的优越地理位置，借助科学城集团这一大型国有运营平台，建立"装置+"科学城，打造从"创新链"到"产业链"的有效转化路径，协同大科学装置产业集群，建设科学成果转化产业示范园区，重点发展智能装备制造、新材料等战略性新兴产业及未来产业。这类产业具备知识技术密集、资源消耗较少、成长潜力较大、综合效益较好的特点，同时也有相应的产品配置需求。智慧城项目不仅要搭建高标准的生产制造基地并设立创新研究中心、技术转化中心、制造生产中心等支柱性板块，还引入产业服务平台，涵盖信息安全体系、数据中心系统、知识产权中心、松山湖产业基金、科技金融服务中心等专业机构，精准助推行业发展每一个环节。

在空间载体上，市场调研数据显示，战略性新兴产业及其细分领域对于厂房的层高、承重、单层面积都有不同的要求，且有一定的不确定性，因此智慧城项目将充

[①] 5次产业转移分别为：18世纪末至19世纪上半叶英国占领欧洲大陆和美国市场的第一次产业转移，20世纪50—60年代主要由日本和德国承接美国输出的第二次产业转移，20世纪70—80年代主要由日本和德国向亚洲"四小龙"等东亚地区和拉美地区输出的第三次产业转移，20世纪90年代至2012年前后主要由美国、日本、德国等发达国家向发展中国家输入以及在发展中国家内部转移的第四次产业转移。2012年之后以双向流动为特点的第五次产业转移，即劳动密集型产业向成本更低的东南亚、非洲等地区转移，而一些高技术类企业和产业链的高端环节向发达国家和地区回流。

分满足大型生产线、重型设备以及特殊工艺的参数要求，以崭新的厂房姿态呈现。同时，通过空间布局的优化，营造配套设施完备、环境绿色生态、留得住人才的园区。

产业升级与产业空间"双轮"循环，将为园区注入源源不断的新动能，加快智慧城项目所在片区的城市更新与产业深化转型升级。以小见大，一方面，智慧城项目的成功建设将塑造独一无二且无可复制的园镇合作模式，并以此为基础推进与镇街更大规模的合作。另一方面，智慧城项目从"创新链"到"产业链"成果深化转化的有效实施途径，将为东莞培育和壮大新质生产力贡献新思路与新方法。

一期技术经济指标	
用地面积	23600.04m²
用地性质	一类工业用地M1
容积率	3.50
建筑功能构成	生产厂房、配套设施
总建筑面积	9.19万m²
建筑高度	59.20m
建筑层数	地上10层，地下1层
停车位	248个（停车位指标0.3个/百平方米）
建设情况	计划2026年建成投入使用

二期技术经济指标	
用地面积	56391.35m²
用地性质	一类工业用地M1
容积率	3.50
建筑功能构成	生产厂房、配套设施
总建筑面积	21.43万m²
建筑高度	55.65m
建筑层数	地上8层，地下1层
停车位	593个（停车位指标0.3个/百平方米）
建设情况	计划2026年建成投入使用

东莞松山湖科学城智慧城项目总平面图

▄ （一）设计策略

1. 科学城南端"灯塔工厂"

协同松山湖科学城大科学装置区产业需求发展特点，打造新时代、面向硬科技发展，促进新质生产力的创新空间，带来生产的改变，也通过集成和应用自动化、工业互联网、云计算、大数据、5G等第四次工业革命的最新技术，实现生产模式、商业模式、研发模式、质量管理模式和消费者服务模式等方面的全方位变革，具体特点如下。

（1）智能化、数字化、自动化技术的集成应用：采用先进技术，如人工智能、物联网、大数据分析等，以提高生产效率、产品质量，并加快市场响应速度。

（2）商业模式和运营模式的创新：不仅在技术层面领先，而且在商业模式和运营模式上进行创新，以适应市场的快速变化和个性化需求。

（3）环境可持续性：特别关注可持续性和环境友好型生产，通过技术提升

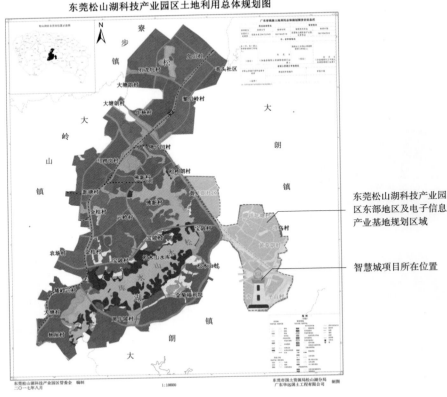

东莞松山湖科技产业园区土地利用总体规划图

智慧城项目是松山湖科学城的"灯塔工厂"

底图来源：《东莞松山湖科技产业园区土地利用总体规划图（2010—2020年）》

实现节能减排。

（4）示范作用：作为工业技术应用的最佳实践工厂，具有示范作用，引领着全球制造业的发展方向。

项目最大限度利用土地空间资源，以独特的建筑整体形象及建筑空间产品脱颖而出，从满足产业的实用功能到综合体现建筑艺术美感的一体化思考与设计，回应科技应用、建筑与工业化等多方位发展诉求，打造人性化研发、智能制造空间，优化周边配套服务，构筑生态环境与绿色共享空间于一体且与城市空间高效融合共生的"灯塔工厂"。

2. 岭南古风与现代科技上演"古今对话"，山水柔情与超强民族工业成就"刚柔并济"

基于对城市含蕴的深度认知、对土地根脉的深入研究，突破形式的禁锢，在工业建筑中体现"在地性"。通过对岭南传统文化符号的现代演绎，释放出极具包容性的岭南文化与现代工业风碰撞融合下的精神活力。

东莞古村落元素提取

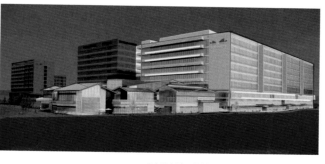

科学城智慧城二期沿阿里山路人视图

（1）整个园区充分利用地块高差处理。通过对市场产品的认识作增量产品设置，园区内有满足从大型生产线到灵活分割的（小）中试空间研究设计的刚性产品。同时，为满足人才需求，还营造多维度空间，充分运用规范规程要点，设计优化配套空间，并以传统的岭南园林作为基调，用新手法打造配套空间。这些庭园空间与刚性的生产空间的产品设置形成山水柔情与超强民族工业的"刚柔并济"状态，充分体现了设计者、决策者、审批者对地形地貌的尊重，对传统文化的传承，体现了一种聚合之力，迸发着超强的能量。

（2）建筑立面采用简洁、现代的设计手法，结合引入产业类型、企业VI形象，运用建筑新材料并组织从平面到立体的整体空间效果。主要使用格构式窗与落地窗，颜色以灰白色为主，结合泛光设计效果，打造轻盈、现代、简洁且具有地域特色和产业特色的新质园区形象。

（3）强调视觉感受和建筑立面层次。立面处理以细腻的立面材质与窗之间的凹凸关系组合成造型的墙面，立面采用体块凹槽、水平外廊等手法丰富了立面的肌理与层次。将楼梯等功能配套结合立面造型作外挂处理，在保证从立面形成韵律感强烈的立体效果的同时，增强平面的完整使用功能和使用率。突出主体建筑，体现企业个性，既表现出工业建筑具备的科技、高效、力量和美感，又洋溢着传统岭南建筑孕育出的新文化内涵。

3.立体复合的"工业综合体"

在总体规划上，结合未来运营的多种需求，将多种功能集于一体，通过空间的高效利用和功能的深度融合，结合运营的空间模拟需求，充分解读政策，充分理解规范规程与工程技术的相互转换，实现产业的集约化、高效化和可持续发展，空间适配。这种做法，不仅提高了土地利用率，而且促进了产业链上下游企业的集聚和协同发展。主要特点如下：

（1）空间高效利用：通过多层或高层建筑的设计，实现空间的垂直叠加和高效利用，减少对土地资源的占用。

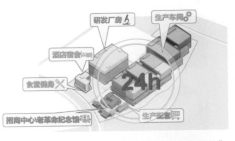

立体复合的"工业综合体"

——城市更新背景下
"新产城融合·工业上楼"的
探索与实践

（2）功能集成化：将生产、研发、办公、仓储、物流等多种功能集于一体，形成完整的产业链闭环，提高了企业的运营效率和市场响应速度。

（3）绿色环保：在设计和建设过程中注重节能减排和生态环保，采用绿色建筑技术和材料，降低对环境的影响。

（4）智能化管理：运用现代信息技术和智能化管理系统，实现对企业运营、安全管理、环境监测等方面的智能化管理和控制。

尽管立体复合的"工业综合体"具有诸多优势，但在发展过程中也面临着一些挑战。例如：如何平衡不同功能之间的需求和利益，如何确保消防安全和生产安全，如何加强园区内企业的协同合作……这些都需要在规划、设计、建设和运营过程中充分考虑和妥善解决。

4. 弹性分割组合的"工业魔方"

弹性分割组合的"工业魔方"，是一种创新的工业设计理念，它将工业生产中的灵活性和模块化提升到了一个新的高度。这种设计理念借鉴了魔方的可变与重组特性，通过将生产线、设备、工艺流程等进行模块化设计，使得整个工业系统能够像魔方一样灵活地进行组合与重组。在这种模式下，生产线可以根据市场需求的变化，快速调整生产策略，实现产品的多样化和个性化定制。

"工业魔方"不仅是一种物理上的分割和组合，更是一种思维上的创新和突破。它要求设计者具备敏锐的市场洞察力和前瞻性，能够预见未来市场的需求变化，并据此设计出快速响应的工业系统。同时，它也要求工程师和技术人员具备高度的专业技能和创新能力，能够将这些设计理念转化为实际可行的技术方案。

生产车间 ☐
研发厂房 ☐

单元一 ☐
单元二 ☐

三层 ☐
二层 ☐
一层 ☐

1 镶嵌组合

2 竖向拆分

3 按层分割

"弹性组合"体块分析

在"工业魔方"的驱动下，工业生产变得更加智能、高效和可持续。它能够最大限度地减少资源浪费，提高生产效率，降低生产成本，同时满足消费者对产品多样性和个性化的需求。这种设计理念的推广和应用，将为工业生产空间（包括建筑工业化本身）带来革命性的变化。

"工业魔方"是一种充满智慧和创造力的设计理念，它将为工业生产（包括建筑工业化）带来无限的可能性和广阔的发展空间。随着科技的不断进步和市场环境的不断变化，这种设计理念将在未来工业发展中发挥越来越重要的作用。

5. 与环境生态融合的"工业方舟"

"引景入园，内外交融"体块分析

我们在设计过程中注重将工业生产与环境保护紧密结合，旨在构建一个和谐共生的产业生态系统。这种模式下，工业企业不再是环境的破坏者，而是生态的守护者和建设者。通过采用清洁能源、循环经济、绿色制造等先进理念和技术，"工业方舟"致力于实现工业生产与自然环境的和谐共处。

"工业方舟"的设计理念，体现了工业发展与环境保护的平衡，展现了人类对自然和谐共生的追求。它不仅仅是一种工业模式的创新，更是一种对传统工业文明的深刻反思和超越。随着全球环境问题变得越来越严峻，这种模式将越来越受到重视，并有望成为未来工业发展的主流趋势。主要特点如下。

（1）建筑工业化：通过模块化、标准化的设计助力建筑工业。

（2）工业信息化、信息工业化：工业化和信息化是两种不同的生产方式，但二者之间是相互促进和支持的关系。在规划与设计中，引导企业进行工业信息化与信息工业化。

（3）就地化：一种就地解决、就地就业、就地平衡状态，深度融合与深化转化。

6. 科技与技术结合的"超级芯片"

该建筑外观设计灵感源自于"超级芯片"的概念，将科技的力量与美学的追

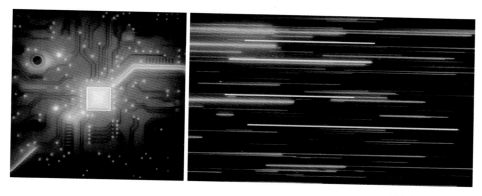

求巧妙结合，塑造出既前卫又富有深度想象空间的建筑形象。我们追求科技与艺术的完美融合——简洁的几何形态、流畅而不失张力的线条，不仅体现了超级芯片的精密与高效，也赋予了建筑独特的未来感与力量感；通过色彩与光影的巧妙运用，建筑立面在不同时间、不同角度下能够展现出丰富多变的视觉效果，既是对科技进步的颂扬，也是对自然美学的致敬。同时，建筑外观的色彩搭配也极具巧思，主体以冷色调为主，辅以少量的暖色点缀，既体现了科技的冷静与理性，又不失温暖与人文关怀，映射出未来产业的无限能量。

■（二）产品特点

智慧城项目的现场地势为西高东低，结合项目自身特点，经过多轮论证，最终采用整体放坡的形式处理场地高差。通过双首层、下沉庭院、架空层、半地下

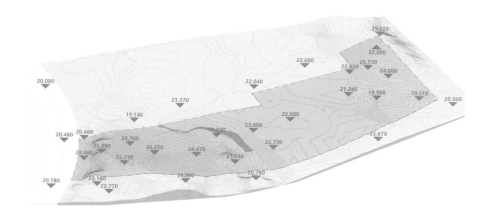

场地原始地形体块模型示意

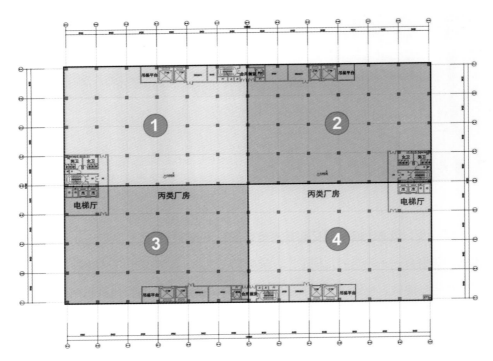

科学城智慧城一期生产厂房分户示意图

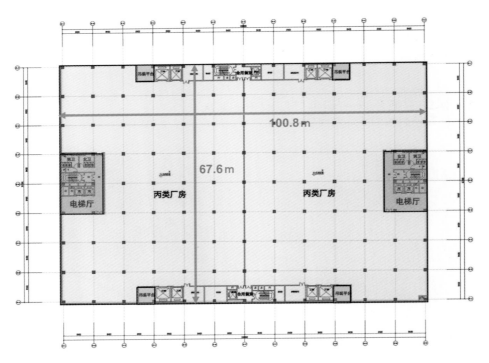

科学城智慧城一期生产厂房标准层（二至十层）平面图

集聚
的能量 ——城市更新背景下
"新产城融合·工业上楼"的
探索与实践

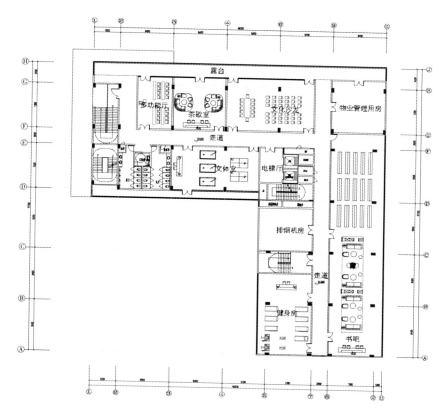

综合楼三层平面图

室的设置，合理消解并充分利用场地高差，平衡土方，既满足工业建筑对场地使用特点的要求，也减少土方开挖，控制造价。

1. 科学城智慧城一期生产厂房产品特点

（1）面积及功能：计容建筑面积约7.09万m²，标准层面积约6800m²，平面尺寸约为100.8m×67.6m，每层分为2个防火分区，可以灵活地分隔4个单位，也可以按防火分区或整层1个单位使用。整层使用率可以达到87%。整栋可以作为生产、研发、孵化及新质生产等多种功能使用，并在每层南北侧靠近货梯的位置设置吊装平台，为新质生产预留诸多可能性。

（2）人货分流：4部1.3t客梯，主要设置在东西侧；货梯共计8部，4部3.0t货梯、4部5.0t货梯，设置在楼宇南北侧，方便货物的装卸。

（3）楼面荷载：一层按20kN/m²，二至三层按15kN/m²，四层以上按10kN/m²，屋面按7.0kN/m²。

2. 科学城智慧城一期配套设施综合楼产品特点

（1）一期靠近阿里山路园区入口位置，设置一栋8层高配套设施综合体，综合楼计容面积约11718.93m²，标准层面积约为1424m²，配套占地面积占一期规划用地面积的6.83%，计容面积占项目计容总建筑面积的14.19%。

（2）综合楼的功能设置，一、二层为食堂，零售商业使用；三层是文化娱乐，体育健身用房；三层以上为员工宿舍，主要为单人间及双人间，共计150间；屋顶为绿化、休闲场所，为园区员工营造出舒适、休闲的生活环境。

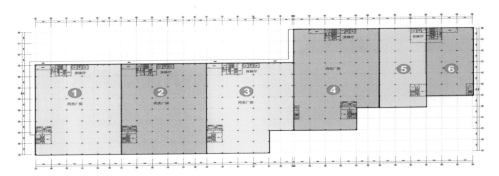

科学城智慧城二期生产厂房（二至三层）分户示意图

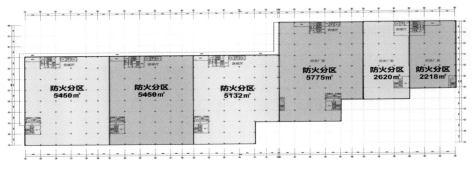

科学城智慧城二期生产厂房（二至三层）防火分区示意图

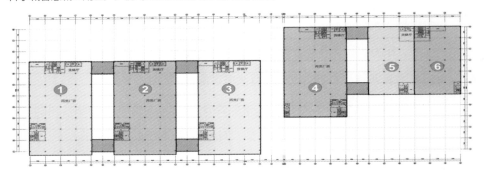

科学城智慧城二期生产厂房（五至七层）分户示意图

3. 科学城智慧城二期生产厂房产品特点

（1）面积及功能：二期生产厂房计容建筑面积约19.05万m²，一至三层每层面积约23000m²，平面尺寸约为300m×80m，每层分为6个防火分区，可以灵活地分隔成6个单位，也可以按防火分区或整层一个单位使用，整层使用率可以达到86.42%。四至八层（局部为7层）考虑到作为轻型生产或研发生产的需求，划分为5栋独立的生产单元，每个单元面积4000～5000m²，间隔16m，在满足各自独立使用的前提下，也获得更好的采光通风条件。本座可以作为生产、研发、孵化及新质生产等多种功能使用，每层北侧结合连通外廊形成超长吊装平台，为新质生产预留多种可能性，且在平面布置与立面设计上充分体现高度集成的工业化设计。

（2）组合模式："分缝不分栋，分栋不分缝"的设计理念下，厂房水平长度可达300m，生产设备通过不同的组合模式，以及对机电工艺的梳理后作弹性预留，基本可以满足各种企业的生产流线需求，也能够减少工程造价及企业后续运营成本。

（3）人货分流：18部1.6t客梯主要设置在景观面比较好的南侧，6部3.0t货梯、10部5.0t货梯设置在楼宇北侧，消防梯共计5部。通过区域分流设置，结合产业从生产到研发的特性与共性，满足园区内人客货高效分流与有机组织。

（4）楼面荷载：一层按30kN/m²，二至三层按15kN/m²，四至七层按10kN/m²，屋面按7.0kN/m²。

（5）柱距空间：采用双向11m的大柱距，横竖向均采用11m大跨以保证生产线排布更灵活（在横竖方向均可布置生产线，满足可分可合的运营需求），提高弹性生产空间。根据以往工程经验，11m柱跨可满足地下室停车位的经济排布，1个柱跨内布置4辆车，并且在地上塔楼内，1个柱跨内可布置4条生产线。

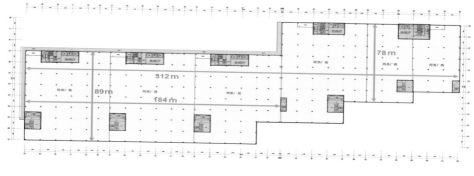

二期生产厂房标准层平面图

（6）层高：生产厂房首层层高12m，标准层层高6m。首层层高超过《东莞城市规划管理技术规定（2020年文件汇编）》第3.3.11条规定："工业、仓储建筑因特殊工艺或设备安装需求，结构层高超出其基准层高限值的，在提供生产工艺及生产设备的详细合理说明的前提下，允许按实际设计层数计算计容建筑面积。"

智慧项目立足打造未来工厂模式，建筑空间设计从平面功能布局到荷载、层高、柱距、机电管井等均满足预招商产业的生产工艺需求（通用性与定制化需求），同时，满足企业可能购买的自动一体化设计的悬挂链输送机的空间需求，架空轨道可在车间内根据生产需要灵活布置，构成复杂的输送线路。输送的物品悬挂在空中，可节省生产面积，能耗也小，在输送的同时还可进行多种工艺操作。由于连续运转，物件接踵送到，经必要的工艺操作后再相继离去，可实现有节奏的流水生产，同时与立体仓等设施结合，满足未来工厂发展模式的不确定性需求。

首层高层设计为12m，柱网设计为11×11m。一般而言，在设置较高层高的情况下，需配置较大的柱网，以最大限度满足生产工艺的空间需求。

梁高（含面层）0.9m，消防及空调管道高度为0.8m，设备上方合理检修空间为1.5m（可根据实际情况确定是否设置），行吊梁高度0.8m，因此首层净高为：12－0.8－0.9－0.8－1.5＝8m（若不设置检修空间则为9.5m）。

这种大柱网、大层高的设置，不仅满足了智慧物流的高效运转需求，还能满足大部分高端制造业的生产工艺需求（这些企业在生产过程中需要使用机械臂等设备，对空间的需求较大）。

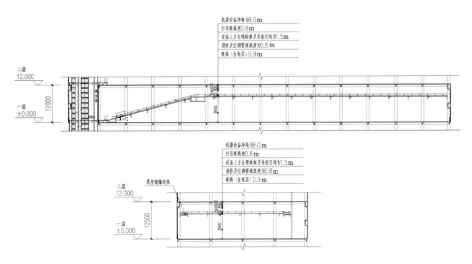

首层设备剖面图

4．科学城智慧城二期配套设施聚落产品特点

（1）二期靠近阿里山路主要入口位置，设置配套设施聚落计容面积6820.78m²，配套占地面积占二期规划用地面积的5.49%，计容面积占项目计容总建筑面积的3.46%。

（2）配套设施，主要为产业招商中心（会议中心）、轻餐饮、办公、配套商业、老革命中心（活动中心）等功能，采光通风良好，房间分割设计适当，管道提前预留，空间利用率高，既能完善项目自身的功能需求，又能够服务于周边居民，产品溢价空间大。

（3）配套建筑聚落采用现代简约的岭南建筑风格，弘扬传统文化，体现项目的在地性；并结合周边环境，营造未来拓展的可能性

二期配套聚落首层平面图

06

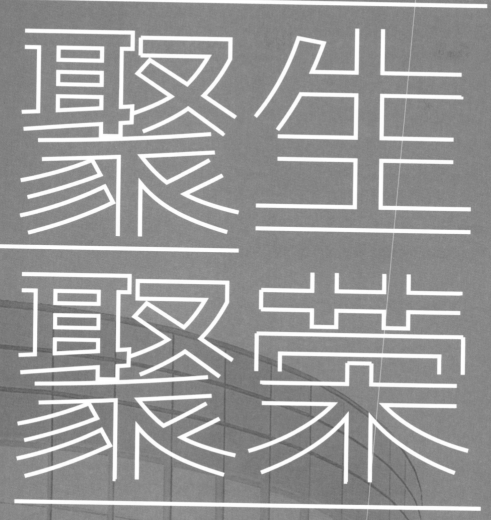

聚生聚荣

——城市更新与"新
产城融合·工业上楼"
的新思路、新解法和
新局面

目前，三溪科创城对香洲区、珠海市乃至整个大湾区的影响已经初显，整个园区产业空间的科研办公空间、新型厂房、产业配套及生活配套设施等的更新和补给，实现了从产业到空间的双重提质，也是制度与政策的优先优化体现，对城市更新具有显著的引擎效应。此外，格力集团正加速对集成电路、智能装备、新材料及生命科技、海洋牧业等领域产业的投资、融资和产业培育等，产业版图的日益完善对引领珠海这座城市的美好建设起到了不可或缺的作用。

松山湖科学城智慧城项目作为东莞市首例园镇合作的典范，不仅创新了合作模式，充分考虑了创新要素的聚集和产业链的协同发展，还为探索新产业的逐步换挡提供了全面革新的路径。从"创新链"到"产业链"成果转化的有效实践，也为东莞培育新质生产力带来了崭新的思路与方法，以空间赋能开启了城市持续发展和产业深化的新局面。

三溪科创城与智慧城项目的规划、设计和建设，本质上是两家企业、两座城市在发展战略和空间布局方面，应对新旧产业变化发展诉求的积极探索与创新实践。在参与过程中，我们越来越坚定地认为，城市的长远发展必须打破产业"空心化"的阶段性壁垒。纵观当前局势，我们应清晰地意识到在城市更新背景下的迭代空间是应对全球第五次产业转移的重要空间载体，只有增量带存量、存量码增量，逐步换挡新产业，才能实现城市的可持续发展，应对下一轮产业转移和产业转型升级的全球大挑战。而"工业上楼"类型的产业园区作为推动科技进步、发展科技型产业的重要载体，在促进高新技术产业集聚、科技成果转化、集约高效用地等方面发挥着不可替代的作用。因此，我们应充分借助适配载体的规划设计，推动城市的科技创新和产业升级，构建高新、高效、高度集成的精细化体系，为城市的可持续高质量发展注入新动力。

随着"人居城市""以人为本"等相关理念深入人心，过去产业园区"重生产，轻生活""重产业，轻配套""重地产，轻运营""重概念，轻实施"的阶段性做法，以及相关行政服务部门线性的工作模式，使得各板块、各领域"单兵作战"的现象较为明显，严重制约了产业及产业园区的发展，也制约了科技应用和产业迭代升级的步伐。在经济增长速度逐渐放缓的背景下，若不契合产业特色和城市地域特色，不深入探索产业需求、企业发展诉求及城市和人的需求，则可能出现盲目开发无效产业空间、产业空间，无法支撑产业链动、产业空间与生活空

集聚的能量 ——城市更新背景下"新产城融合·工业上楼"的探索与实践

间分离等问题，将越来越难以适应新时代城市发展的需要，在经济测算上也会给各方资本运作带来巨大压力。过量且不精准、不灵活、不兼容的开发模式，也变相促使有些5.0产业新空间或"工业上楼"产品成了伪命题，产能过剩将是早晚必然出现的局面。

"知其然，更要知其所以然"。事实上，从业者和决策者都在不同程度上缺少对专业知识的认知与深入探究，甚至对各专业缺乏尊重，同时无法形成系统机制下的动态管理，导致专业知识在实际操作层面上存在沟通断裂。实施愿景时，因主观或客观原因无法为决策作正确的专业支撑，一定程度上无法形成合力，"孤岛"效应也就愈发明显了。而这背后的代价是巨大的，包括建筑载体导致供给关系不匹配的重资产积压和5.0产业新空间不同程度的"变异"现象。无论有地还是没地、有空间还是没空间，由于缺乏对"工业上楼"的深度认识以及对其背后产业逻辑的研究而产生的"一窝蜂"跟风效应，使得各种不良结果层出不穷。面对第五次全球产业转移带来的新空间、新载体需求，人们越来越重视灵活性和适应性，认识到创新驱动创新应用是推动产业升级和经济发展的关键。

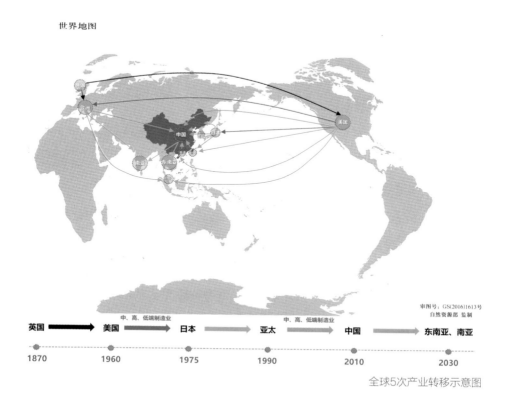

全球5次产业转移示意图

近代以来，我国抓住了第四次全球产业转移机遇，展现出了强大的发展动力——这不仅体现了中华民族不屈不挠、奋发图强的精神，也充分展现了劳动人民的智慧和创造力。如今，在全球第五次产业转移的背景下，知识技术密集、资源消耗少、成长潜力大、综合效益好的战略性新兴产业已成为美国和欧洲等发达经济体的共同选择，当高端制造业开始回归这些发达经济体而中低端产业链向其他国家外溢时，我们又将面临前所未有的挑战与机遇。虽然我国经济通过改革开放取得了很大的发展，但也遗留了一系列问题，如生态破坏、环境污染和分配不均等，我们一方面要修复这些历史遗留问题，另一方面更要抓住发展机遇。因此，在当前城市更新的背景下，为了加快老城区精细化体系综合建设的步伐，针对城市更新可能存在的痛点，许多城市选择产业园区建设与老城区改造同步进行，通过对老工业基地、棚户区、城中村等的改造，改变老城区、老工业基地的面貌，重新焕发其活力，使城市在扩大外延的同时提升内涵。

■　每一刻我看到的东西，

都是我以前从没见过的，

我知道如何更好地观看。

我知道如何保持一个孩子会有的惊奇，

如果它能真正看见自身的诞生。

每一刻我都感到自己诞生在这个永远新奇的世界上。

——［葡萄牙］佩索阿《我的目光清澈》

在追求高质量发展的同时，我们也需要寻找那些能够提供专业的、深度决策支持的"全能冠军"，试图在项目中以整体解决方案与一体化设计为城市的可持续发展提供宝贵的支撑。从历史和经验中我们可以看到，让资本回流实体经济是至关重要的，而建筑只是其中的载体。我们更需要关注的是如何打造可持续发展的高品质产城空间，以及如何将资源引入精细化领域的体系建设，最终实现经济结构的调整，以及数字经济加持的新经济模式。这是每一个设计师、建筑师、工程师和相关从业者必须认真思考的问题和深度参与践行的使命。

新型载体空间与新的基础配套建设，呈现出来的新技术、新工具、新方法、

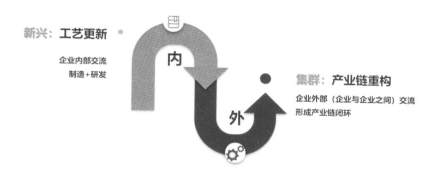

新兴：**工艺更新**
企业内部交流
制造+研发

集群：**产业链重构**
企业外部（企业与企业之间）交流
形成产业链闭环

内

外

新质生产力的出现与强产业链重构，是推动城市更新的持续新动能

企业内外的新质生产力发展与新产业链重构

新思维将为新质生产力发展与新产业链重构"双轨并行"的城市、国家发展格局作有效支撑。这关乎产业的涌入流出，关乎一座城市的状态，甚至于国家的命脉，无疑是个烦琐、复杂甚至沉重和艰巨的过程，需要践行者明确目标方向，形成全方位的认识，同时找到高效的执行路径，坚定笃行。

6.1 "大处着眼，小处着手"

回顾产业空间与城市生活空间的发展演变，可将其视为"产城分离"逐渐转变为"产城融合"的过程，其本质是从经济发展导向转为人本主义导向的一种回归。目前国内学者对产城空间发展规律的演变已有较为广泛的研究，普遍认为我国产城空间的发展具有三个典型的阶段，即成型期、成长期和成熟期[①]。

■　成型期：产业空间一般位于交通条件优越的城市边缘或郊区，通过设立开发区或高新区，大规模建设工业厂房以实现工业产值高速增长。这一时期，产业空间独立，功能相对单一。

■　成长期：产业发展区具有一定规模，人口数量日益增多，人员构成更加丰富，由此带来了更多生活与服务的需求。产业空间与城市生活空间产生了必要的联系，同时也催生了产业园区内部功能的完善。

■　成熟期：面对经济和产业发展转型，产业园区由单纯制造业主导转变为高新科技产业、服务业、房地产业等多类产业共同主导，产业空间与原城市空间连绵成片。与此同时，产业空间内功能愈渐丰富，与城市功能相差无几。

在三个阶段中，产业园区作为"产城融合"的重要呈现方式之一，其用地功能从工业生产逐渐催生出居住、游憩和行政办公功能，到后来又融入城市商务、

---

① 参见：杨曙霞，王建强，江威. 产业社区规划模式探讨［C］//中国城市规划学会. 面向高质量发展的空间治理——2020中国城市规划年会论文集. 北京：中国建筑工业出版社，2021.

156　集聚的能量　——城市更新背景下
"新产城融合·工业上楼"的
探索与实践

会展、教育科研、医疗卫生甚至大科学装置等多样化的城市功能，其间的产业则从传统落后的低产能工业逐步向技术含量更高、产出效应更强、污染程度更小的高新技术产业转变。

这三个阶段完成了过去从单一到综合的转变，一些产业园区及内部企业逐渐崭露头角，无论是经营状况还是行业地位都建立了较为明显的领先优势，其中的部分龙头企业甚至会对产业空间和园区服务提出更高要求。顺应这个发展趋势，未来的产业园区将在各领域龙头企业的带动下协同产业链重构，形成复合的、有特色、有地域特征和产业属性的新兴产业集群，并始终坚持以人为本，推动产业和城市开拓新的局面。

然而，真正有生命力的发展，绝不能仅仅依靠一般技术上的常规动作，也不能因为过去的一次两次成功就试图以一套标准动作"一招鲜吃遍天"，而是要不断顺应趋势发展、持续创新。在此基础上，区别于原有空间载体，开拓产业和城市新局面的城市更新与"工业上楼"的结合，也并不是简单的"1+1=2"，而是"1+1＞2"，或是倍数增长，甚至产生一种类似原子裂变的复合效应，对产业和城市产生深远影响。为了达成这样的效果，必须用好科技推力、转型拉力、集群合力，并从多维角度（整体解决方案和一体化设计）制定高效的执行路径，否则再好的思路也会付诸东流。

因此，高新技术产业对人与技术提出了更高的创新应用要求，不可避免地，社会资本对制造业投资也提出了更高的利润要求。新兴制造业需要高品质、高适配的产业空间，以平衡人、技术、产业、资本等各协同方之间的压力，还要面对未来科技发展的不确定性，这就需要进行针对性的探讨和摸索，创作理性的、有数据支撑的、浪漫温柔的、可实施的发展蓝图。无论在哪个发展阶段，空间布局与建筑产品设计的重要性都是不言而喻的，它是顶层设计与实施路径设计的载体，是创新设计与工程技术的相互探讨，也是新规范规程的基底，更是多方利益诉求的具体呈现。为确保每个项目的优质落地，所有从业者都应尊重专业意见，协同专业决策，科学、理性地做好动态管理，做到"大处着眼，小处着手"，不能草率应付、马虎对待。

■ 图难于其易，为大于其细。天下难事，必作于易；天下大事，必作于细。是以圣人终不为大，故能成其大。

——《道德经》第六十三章

　　除了对创新设计和工程技术的深入探索与严谨研究，从业者在产业发展过程与项目运行中也要注重引入市场机制，通过空间布局达到补链、强链的产业链动效果，形成产业链闭环。首先，政府相关部门需要完善相关的政策法规，为市场机制的充分发挥提供良好的外部环境；其次，政府相关部门应该制定相对统一的标准和制度，把握好政府对产业和园区的干预程度并做好服务；最后，政府相关部门及各参建方需要合理引导园区的产业布局，通过空间、产业、投融资和一系列服务让规模效应在产业园区的企业中得以体现，引导产业补链、强链，进而引导相关产业、企业入驻园区，甚至让园区具备自我造血功能，协同创建或孵化内部企业，让园区内的产业自然生长、自主延展，形成枝繁叶茂的产业生态和"投融产"的完整链条。

　　当下，随着我国数字经济正式进入全面扩张阶段，数据资源已然成为核心驱动力，现代信息网络作为其主要传播渠道，与信息通信技术深度融合，共同推动产业全要素数字化转型，进而促进产业数字化与数字产业化的蓬勃发展。此外，通过深化供给侧结构性改革，还可以充分发挥我国超大规模市场优势和内需潜力，构建国内国际双循环相互促进的新发展格局。这一进程要求我们重新整合各类资源，实现产业集群的空间协同，打造跨越边界、紧密无间的合作关系，以"大处着眼，小处着手"的状态，共同应对城市转型的挑战，提升整体经济效益。

　　在项目实践中，仔细研读近些年出台的城市更新与"工业上楼"的相关政策可以发现，从中央到地方，"着眼"与"着手"几乎是同步走。2019年12月，中央经济工作会议首次强调了"城市更新"这一概念之后，2021年3月，"加快推进城市更新，改造提升老旧小区、老旧厂区、老旧街区和城中村等存量片区功能"被写入《中华人民共和国国民经济和社会发展第十四个五年规划和2035年远景目标纲要》。为响应国家政策，全国各地陆续出台城市更新政策和落地细

　——城市更新背景下"新产城融合·工业上楼"的探索与实践

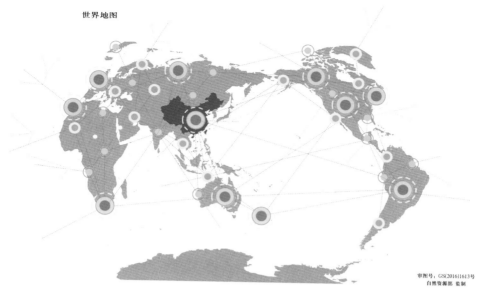

世界地图

有形/无界

则，不断完善支持城市更新的政策举措，进一步推动了城市更新工作的开展，也为产业用地类的城市更新提供了政策支撑。

同样是在2021年，深圳、广州、上海三个城市先后推出相关条例，对城市更新作出进一步的细化规定，大大推动了全国城市更新的步伐。2021年3月1日起施行的《深圳经济特区城市更新条例》，对城市更新规划与计划作出约定，并分别对拆除重建类城市更新、综合整治类城市更新提出实施细则；2021年7月7日，广州市发布《广州市城市更新条例（征求意见稿）》，坚持"政府统筹、多方参与，规划引领、系统有序，民生优先、共治共享"的基本原则，设立了权益保障章节，为村集体、村民、居民、利害关系人等权益作出细化规定，保障其合法权益，畅通意见表达渠道，妥善处理群众利益诉求；2021年8月25日，上海市发布《上海市城市更新条例》。2022年11月25日，北京市发布《北京市城市更新条例》，提出包括"以推动老旧厂房、低效产业园区、老旧低效楼宇、传统商业设施等存量空间资源提质增效为主的产业类城市更新"在内的五大更新类型的更新内容。粤港澳大湾区内部的其他城市如东莞、珠海、佛山、中山等，也相继出台了城市更新的相关政策条例。

近几年部分城市出台的城市更新政策

（节选，按公布时间排列）

公布时间	城市	政策/条例	相关内容
2020年12月	深圳	《深圳经济特区城市更新条例》	第九条　市城市更新部门应当建立统一的城市更新信息系统，将全市城市更新项目范围内的土地、建筑物、历史文化遗存现状、相关行政许可等信息纳入城市更新信息系统，实施全流程覆盖、全方位监管，并依法公开政府信息。 第十条　城市更新应当与土地整备、公共住房建设、农村城市化历史遗留违法建筑处理等工作有机衔接，相互协调，促进存量低效用地再开发。 第十一条　城市更新应当加强对历史风貌区和历史建筑的保护与活化利用，继承和弘扬优秀历史文化遗产，促进城市建设与社会、文化协调发展。 城市更新单元内的文物保护工作，应当严格执行文物保护相关法律、法规规定
2021年6月	珠海	《珠海经济特区城市更新管理办法》	第二十条　市自然资源主管部门可以根据需要依据国民经济和社会发展规划、国土空间总体规划，结合市级城镇低效用地再开发专项规划，组织编制城市更新中长期计划，报市政府批准实施。 第二十一条　区城市更新主管部门应当结合标图入库、城镇低效用地再开发专项规划、城市更新单元划定、城市更新单元规划的编制情况，编制城市更新年度计划，报区政府批准实施，并报市自然资源部门备案。 第二十二条　城市更新年度计划实行常态申报和动态调整机制。符合条件的，可以实时标图入库并进行申报，批准后及时纳入城市更新年度计划。对已竣工验收或终止实施的，核实后调整出城市更新年度计划。 第二十三条　区政府或者区城市更新主管部门应当与城市更新项目实施主体签订项目监管协议，作为土地出让合同附件，并组织有关部门按照合同及监管协议约定，对项目进行联合监管。市、区政府组织实施的政府投资项目除外
2021年7月	广州	《广州市城市更新条例（征求意见稿）》	第四十三条【统筹住房保障】 城市更新应当通过多主体供给、多渠道保障、租购并举方式增加公共租赁住房、共有产权住房等保障性住房建设和供应，引导集体建设用地按照规划建设集体宿舍等租赁住房。 第四十四条【村民自治】 项目实施方案生效后，农村集体经济组织可以依据《中华人民共和国土地管理法》报经原批准用地的机关批准收回集体土地使用权。 宅基地使用权人拒不交回土地使用权，且旧村庄更新改造项目搬迁安置补偿协议签订人数占比达到百分之九十五的，农村集体经济组织可以向人民法院提起诉讼

集聚的能量　——城市更新背景下"新产城融合·工业上楼"的探索与实践

公布时间	城市	政策/条例	相关内容
2021年8月	上海	《上海市城市更新条例》	第四十条　更新区域内项目的用地性质、容积率、建筑高度等指标，在保障公共利益、符合更新目标的前提下，可以按照规划予以优化。 对零星更新项目，在提供公共服务设施、市政基础设施、公共空间等公共要素的前提下，可以按照规定，采取转变用地性质、按比例增加经营性物业建筑量、提高建筑高度等鼓励措施。 旧住房更新可以按照规划增加建筑量；所增加的建筑量在满足原有住户安置需求后仍有增量空间的，可以用于保障性住房、租赁住房和配套设施用途。 第四十八条　市、区人民政府加强产业统筹发展力度，引导产业转型升级。 鼓励存量产业用地根据区域功能定位和产业导向实施更新，通过合理确定开发强度、创新土地收储管理等方式，完善利益平衡机制。 鼓励产业空间高效利用，根据资源利用效率评价结果，分级实施相应的能源、规划、土地、财政等政策，促进产业用地高效配置。 鼓励更新统筹主体通过协议转让、物业置换等方式，取得存量产业用地
2022年11月	北京	《北京市城市更新条例》	第三十四条　实施低效产业园区更新的，应当推动传统产业转型升级，重点发展新产业、新业态，聚集创新资源、培育新兴产业，完善产业园区配套服务设施。区人民政府应当建立产业园区分级分类认定标准，将产业类型、投资强度、产出效率、创新能力、节能环保等要求，作为产业引入的条件。区人民政府组织与物业权利人以及实施主体签订履约监管协议，明确各方权利义务。 第三十七条　实施公共空间更新改造的，应当统筹绿色空间、滨水空间、慢行系统、边角地、插花地、夹心地等，改善环境品质与风貌特色。实施居住类、产业类城市更新项目时，可以依法将边角地、插花地、夹心地同步纳入相关实施方案，同步组织实施。 公共空间类更新项目由项目所在地街道办事处、乡镇人民政府或者经授权的企业担任实施主体。企业可以通过提供专业化物业服务等方式运营公共空间。有关专业部门、公共服务企业予以专项支持
2023年6月	东莞	《东莞市"三旧"改造（城市更新）实施操作细则（试行）》	一、政府土地储备 按照政府主导模式，镇街（园区）自行作为做地主体，完成改造单元（项目）范围内的单元规划编报、不动产权益核查、征地拆迁补偿、单元（项目）总体实施方案编报、产权注销、拆除清表、管线迁改、土壤污染调查、"七通一平"等工作，将净地纳入土地储备库。

公布时间	城市	政策/条例	相关内容
2023年6月	东莞	《东莞市"三旧"改造（城市更新）实施操作细则（试行）》	二、企业统筹做地 镇街（园区）可委托市属企业、镇街（园区）属企业作为做地主体。条件成熟的其他做地主体需提交市城市更新与城市设计委员会审议。做地主体完成土地前期开发整理工作后，可交由政府收储或完成前期工作后交由政府公开招引实施主体
2023年8月	中山	《中山市城市更新项目土地出让价款计收规则（修订）》	第五条　旧厂房用地按规定改造为新型产业用途（M0）的，按照不同情形计收土地出让价款： （一）原用地属国有出让地的，按照商服用地市场评估价的20%与工业用地市场评估价的差额计收（差额为负数的视为无差额处理，且商服用地市场评估价的20%不得低于工业用地基准地价，下同）。 计收公式为：土地面积（M0）×容积率×商服用地区片市场评估价×容积率修正系数×20%-原土地面积×工业用地区片市场评估价×用地类型修正系数×剩余年期的年期修正系数。 （二）原用地属国有划拨用地的，按照补办出让手续计收的地价款，加上商服用地市场评估价的20%与工业用地市场评估价的差额之和计收。 计收公式为：土地面积（M0）×容积率×商服用地区片市场评估价×容积率修正系数×20%-原土地面积×工业用地区片市场评估价×用地类型修正系数×60%。 （三）按规定完善历史用地征收手续后，协议出让给原权利人自主改造的，按照商服用地市场评估价的20%计收。 计收公式为：土地面积（M0）×容积率×商服用地区片市场评估价×容积率修正系数×20%。 （四）村集体自愿申请将集体建设用地转为国有土地后，协议出让给该村集体自主改造或与有关主体合作改造的，按照商服用地市场评估价的8%计收。 计收公式为：土地面积（M0）×容积率×商服用地区片市场评估价×容积率修正系数×20%×40%

2022—2023年部分城市出台的"工业上楼"政策

（节选，按出台时间排列）

出台时间	城市	政策/条例	相关内容
2022年4月	珠海	《珠海市产业空间拓展行动方案》	二、建设规范指引 （一）功能配比 原则上产城融合新空间建筑容积率不低于2.0，建筑密度不低于40%。其中，高质量生产厂房不低于总建筑面积70%，办公、员工宿舍、生活服务等配套设施不高于总建筑面积30%。

出台时间	城市	政策/条例	相关内容
2022年4月	珠海	《珠海市产业空间拓展行动方案》	（二）建设标准 1. 通用厂房 通用厂房主要满足一般新兴产业中小企业生产需求。 2. 专用厂房 专用厂房主要满足精密制造、生物医药等产业对楼面荷载、GMP厂房等方面的特殊生产需求。 3. 配套厂房 配套厂房主要满足龙头企业聚集产业链上下游环节需求，按照龙头企业提出的标准为其定制个性化厂房
2022年9月	天津	《天津滨海高新区新动能产业载体（工业上楼）开发建设导则》	第七条　开发建设和运营主体要求 鼓励多元化投资，国有资本和社会资本均可单独或联合开发建设运营，支持有工业地产开发建设经验的企业和投融资机构参与投资和运营管理。 鼓励持有工业用地产权的企业，按工业综合体的标准和要求开发建设和运营。 第八条　功能配套要求 对于一般性建设项目容积率满足控制性详细规划最低容积率要求的： 1. 配套用房面积不超过总建筑面积的15%；产业用房中纯生产性用房占比应大于60%； 2. 鼓励配建小型商业、宿舍、行政等生产性服务业空间和新兴业态； 3. 要满足入驻企业生产方面需求，包括水、电、气、网络等基础设施配套，具备完善的服务功能，满足必要的职工饮食、停车、仓储物流和统一办公需求
2023年4月	深圳	《深圳市"工业上楼"项目审批实施方案》	坚持"工业立市、制造强市"，遵循生产、生活、生态"三生融合"，创新、创业、创投"三创结合"，投入与产出、运营与财务、社会与经济效益"三个平衡"的现代产业园区要求，进一步整合相关职能部门和各区（含大鹏新区、深汕特别合作区，以下同）力量，细化职责分工，加快推进项目审批工作，确保连续5年每年提供不少于2000万㎡"高品质、低成本、定制化"厂房空间的工作目标，为全市制造业发展提供坚实支撑
2023年7月	中山	《中山市工业上楼产业引导与建筑设计指南（征求意见稿）》	本指南适用于中山市行政区域内的新建、扩建和改建的"工业上楼"厂房，同时需符合国家、广东省、中山市现行相关标准规范和政策规定。其中，消防设计应符合现行国家标准《建筑设计防火规范》GB 50016 和《建筑内部装修设计防火规范》GB 50222 的相关规定；绿色评价应符合现行绿色技术标准的有关要求；海绵城市设计应符合《中山市海绵城市规划建设管理办法（试

出台时间	城市	政策/条例	相关内容
2023年7月	中山	《中山市工业上楼产业引导与建筑设计指南（征求意见稿）》	行）的通知》（中府〔2021〕146号）的有关规定；建筑节能与可再生能源利用应符合现行国家标准《工业建筑节能设计统一标准》GB 51245 和《建筑节能与可再生能源利用通用规范》GB 55015 的规定；碳排放应符合国家和广东省现行有关标准的规定。 若本指南指标与后续新修订规范标准、新政策规定不一致，以新规范标准及政策规定为准
2023年8月	厦门	《厦门市"工业上楼"实施方案（征求意见稿）》	一、上楼对象 本实施方案所述"工业上楼"系本市存量工业企业利用既有工业用地将传统低层铺开的扁平式厂房改造为高度超过24米或层数超过6层的高层厂房，推动企业在高层楼房中进行工业生产的产业空间新模式。上楼对象为"高精尖轻"的轻型生产、节能环保型工业企业。 二、产业类型 综合考虑工业生产需求、"工业上楼"的成本、建筑结构、消防安全等因素，按照构建"4+4+6"现代化产业体系要求，围绕发展一批"硬科技"产业、壮大一批"特而精"产业、培育一批"小而美"产业，重点发展平板显示、计算机与通信设备、机械装备、新能源、新材料、生物医药等战略性新兴产业和轻工食品等我市特色优势产业中适合上楼产业（《"工业上楼"重点鼓励上楼产业》详见附件，可根据需要进行动态调整）。 责任单位：市工信局、市发改委、市资源规划局，各区政府、开发区管委会 三、上楼区域 根据各区区位、发展阶段、市场环境等，实施差异化引导，建设总部基地、堆叠式厂房、工业综合体等"工业上楼"载体
2023年9月	上海	《关于推动"工业上楼"打造"智造空间"的若干措施》	一、优化规划调整环节 落实规划弹性管理要求，由各区主管部门对"智造空间"项目进行带方案审批，并明确产业准入、功能建设和运行管理等三方面要求。充分尊重产业规律和经营主体意愿，确定项目容积率和建筑高度。根据本市区域规划要求，结合"产业地图"，对容积率和建筑高度需要调整的项目，由各区按照实施深化管理要求和程序执行。对存量工业用地提升容积率的项目，免予补缴土地价款。

出台时间	城市	政策/条例	相关内容
2023年9月	上海	《关于推动"工业上楼"打造"智造空间"的若干措施》	二、推出产业综合用地 项目适用产业综合用地（M0）政策，允许混合配置工业、研发、仓储、公共服务配套用途等功能，其中主导功能以工业、工业和研发混合为主。对于符合分割转让要求的项目，分割转让方案由各区初审后，上报市级部门审核。创新落实国家关于企业自用危险化学品仓库建设的相关标准，引入有资质的危险化学品仓储物流专业单位为企业提供集中仓储、统一配送服务。制造业企业在符合环保、消防、安全等要求下，可入驻开展生产制造
2023年9月	佛山	《关于规范"工业上楼"厂房建设标准的指导意见》	对于"工业上楼"厂房，按照"二、四、六、八、十"总体要求，细化相关规划建设技术标准规范，服务产业发展布局的适用性，提升工业用地集约化的科学性、规范性。 （五）楼面荷载。根据不同楼层分别设定不同荷载，首层楼面荷载不低于2.0t/m²。鼓励首层楼面荷载根据市场需要提高到3.0t/m²及以上。 （六）工业厂区建筑容积率。除不适宜上楼的产业外，新改造工业园区、新供工业用地的容积率一般不低于2.0、不大于4.0。建筑密度不应低于40%，最高不超过65%。工业厂区绿地率宜保持在10%～20%。有特殊要求需调整建筑密度和容积率的，可单独进行论证。 （七）建筑总高。工业用地内建筑高度应符合当地规划限高要求，建筑总高一般不超过60米。 （八）建筑层数。建筑层数一般不超过8层，特殊情况不超过10层，其中首层层高一般不低于8米，并根据楼层分别设定不同层高。 （九）行政办公及生活服务设施配套。在确保安全的前提下，"工业上楼"厂房配套建设行政办公及生活服务设施的用地面积，占项目总用地面积不少于10%、不高于15%。严禁建设商品住宅

　　城市更新和"工业上楼"政策在短短几年内得到不断细化，反映了中国城镇化进程的加速和城乡发展的需要，更说明在产城空间迭代的过程中，宏观思考与微观操作、战略规划和战术执行、全面规划和具体实施的对立统一，需要在实践中根据实际情况灵活运用，稳步前行。

6.2 运用系统改革思维，构建多元化的规划策略

　　"全面建成小康社会"第一个百年奋斗目标的实现，伴随而来的是城市迅速发展、城市人口迅速聚集、工业生产分工更精细。空间是城市生态的基底，站在新起点上，迈向下一个百年征程，产城融合发展背后的城市空间优化再一次被提上日程。

　　在全国一、二线城市，城市更新与"工业上楼"的重要性已无须多言，其根本目标是在城市扩容的"存量"中找到"增量"，因此两者既要有"上楼"的高度，也要有"更新"之后的复合度，既要"提质"，也要"增容"。为了顺利推进这项复杂的系统工程，政府及有关部门需要协调各项规划，明晰各个部门职责，有效统合城市总体规划、主体功能区规划、土地利用规划以及各项产业发展专项规划，积极克服时效性问题，引导产业迭代升级，并构建一个以空间治理和空间结构优化为主要内容的国土空间规划体系，从而使空间与产业竞导竞融、互导互融。这就需要洞见城市更新与"工业上楼"的本质，将这两个概念结合起来定义，在城市更新的背景下，把"工业上楼"从单纯的建设制造空间升级为新时期推动创新与创新应用、面向硬科技发展、实现产业升级的创新空间，而非仅仅将其理解为留住制造业或建造单一的制造业空间，否则既不能盘活存量市场，还会使增量市场压力倍增。

　　我们相信，从城市更新和"工业上楼"的定义入手，运用系统改革思维，将建筑设计、产业迭代、城市更新的隐性知识显性化，并不断积累数据，用新工艺呈现，构建多元化的规划策略，在实施层面用数据支撑项目精准定位，优化工艺流程，以适配空间辅助产业迭代，借助前沿科技的强大助力，打造精细化的操作体系，在具体实施操作过程中才不会处于被动局面。

- 城市更新：通过有计划的改建，以全新的城市功能替换功能性衰败的城市空间。

- "工业上楼"：建筑高度大于24米且楼层数大于4层的"厂房"；空间上不是单纯的制造空间，而是新时期面向硬科技且符合新质生产力发展的创新空间。

- 城市更新+"工业上楼"：通过工业信息化、信息工业化重构城市空间和产业链结构，在创新空间内做到生产要素集聚、生活要素集聚之下的高度融合，实现有计划的改建，以全新的城市功能为城市可持续性高质量发展加持。

在城市更新和"工业上楼"中运用系统改革思维、构建多元化的规划策略，需要从多个方面入手，注重各方面的协调发展。思路上，要实现从传统的线性管理模式向矩阵式管理模式以及边界逐渐消隐的网状管理结构的过渡，用新思路、新方法实现横纵共鸣的结构变革。系统多元化是构建多元化规划策略的基础，运用新技术、新工具构建精细化系统是思维改革的关键步骤，唯有如此才能形成裂变效应并聚集能量，为改革提供有力支撑。空间上，则以"垂直""共生""创新"为目标导向，力求更好地在城市空间的"存量"中创造"增量"，用科学技术促进经济发展、推动社会进步，通过空间营造优化立体城市空间布局，打造拥有浪漫科技的、具有区域特色的新产城空间，从而实现城市的高质量发展。

首先，要从空间和产业两个方面做好对城市的"体检"工作，即通过对城市中的既有建筑进行全面摸查和评估，深入了解城市的现状和问题所在，为描绘出城市更新的路径提供依据，精准填补与优化空间布局。同时，对城市的产业进行深入剖析，巩固现有的优质产业，借助国家、城市发展战略，通过大科学装置、科研机构等顶层资源，引领有发展潜质的产业向着更高附加值的方向转型和升级，确保产业与空间资源能够相互匹配，形成产、学、研、展、商与人才的和谐共生。在此基础上，产业链将得以重构，工业化将被重新定义，城市空间格局将得以重塑，适应新时代的产业生态环境也将得以重启，进而有序推动新兴产业集群布局与落位。

在城市更新过程中，为了更好地在城市空间的"存量"中找到"增量"，必须开拓思维，适度"向天空要地"，沿海城市甚至可以"向海洋要地"，实现农、畜、牧、工、商、贸等产业齐发展，实现一产、二产、三产链动，实现原料优

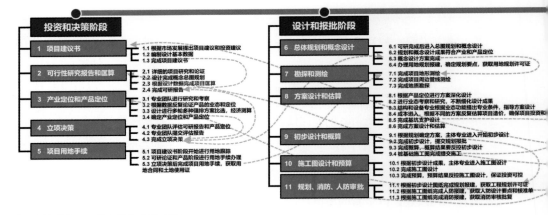

"新产城融合·工业上楼"实践之路

中国大科学装置地图

数据来源：中国科学院院刊2020年数据。

选、加工生产、技术提炼、品牌加持等同步迭代的同时，优化立体城市空间布局，加持产业赋能。同时，做未来城市空间创新设计，提升重点地区和平台能级，加速港口、产业、城市融合，促进新兴制造业区域协同发展。

其次，在政策层面，应围绕城市的产业发展，制定一系列针对性的产业政策，加快创新链和产业链的深度融合。为了确保产业空间的高效利用和各项政策措施的有效执行，也要同步制定有操作借鉴价值的产业空间规划设计指引和相关政策的运营考核制度，用数据和成果来检验工作成效。而相关政策的实施有赖于政府、合作伙伴、公众和监督机构等多方面的专业支持与协同配合，这就需要在产业和空

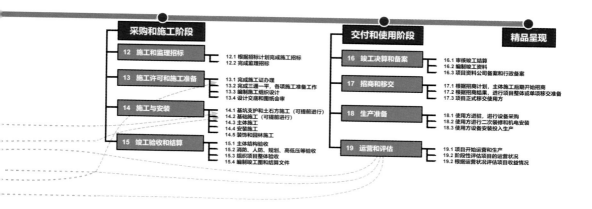

| 采购和施工阶段 | | 交付和使用阶段 | | 精品呈现 |

采购和施工阶段

12 施工和监理招标
12.1 根据招标计划完成施工招标
12.2 完成监理招标

13 施工许可和施工准备
13.1 完成施工证办理
13.2 完成三通一平，各项施工准备工作
13.3 编制施工组织设计
13.4 设计交底和图纸会审

14 施工与安装
14.1 基坑支护和土石方施工（可提前进行）
14.2 基础施工（可提前进行）
14.3 主体施工
14.4 安装施工
14.5 装饰和园林施工

15 竣工验收和结算
15.1 主体结构验收
15.2 消防、人防、规划、高低压等验收
15.3 组织项目整体验收
15.4 编制竣工图和结算文件

交付和使用阶段

16 竣工决算和备案
16.1 审核竣工结算
16.2 编制竣工资料
16.3 项目资料公司备案和行政备案

17 招商和移交
17.1 根据招商计划，主体施工后期开始招商
17.2 根据招商结果，进行项目整体或单项移交准备
17.3 项目正式移交使用方

18 生产准备
18.1 使用方进驻，进行设备采购
18.2 使用方进行二次装修和机电安装
18.3 使用方设备安装投入生产

19 运营和评估
19.1 项目开始运营和生产
19.2 阶段性评估项目的运营状况
19.2 根据运营状况评估项目收益情况

间上建立强有力的平台支撑，确保项目的稳定推进和资源的集中高效利用。数字化管控平台可以更好地对空间资源进行实时监控和数据分析，完善基于规划"一张图"系统的数字化空间治理体系，实现对空间资产的精细化运营和智能化管理。

　　为保障整个系统的有效运行，最后还需建立一个能够推动正反馈循环的检验体系，评估政策和项目的实际成效，并根据评估结果作出相应的调整和改进，促使一部分优质产业优先优化工艺，共享城市更新和"工业上楼"的最新成果，进而带动其他产业全方位升级，最终实现城市与产业的持续发展，迈向更加美好的未来。

让一部分优质产业率先优化工艺
让一部分优质产业率先分享城市更新和"工业上楼"的最新成果
带动其他产业全面升级

城市更新正反馈循环检验体系

　　除此之外，随着数字经济的兴起，我国城市信息化发展迅速，有力地印证了以现代通信、网络、数据库和计算机技术等为基础的信息化建设，是未来城市规划与管理的发展方向。借助信息化的高效生产力，以系统化管理思想为指导，建立科学且行之有效的城市空间优化辅助决策机制，重组城市生产空间，优化配置

城市生产资料，强化城市与产业"双线"并行的发展动力，将是实现产城融合背景下城市空间优化更新的必然道路，亦是城市更新背景下新产城融合与"工业上楼"的必然路径。

珠海格力三溪科创城和东莞松山湖科学城智慧城项目的规划设计，正是基于数据分析，初步形成了高效率、精细化的管理系统，成为城市更新与"工业上楼"系统改革思维与数字化技术应用的起始。这种系统化思维不仅适用于园区，也适用于整个城市，其涵盖了科技创新应用的推陈出新、产业的迭代升级、经济的稳健发展、人口的动态变化、城镇化的有序推进等诸多方面，充分满足了环境、空间和生态的多维诉求。

如果把粤港澳大湾区比作一部时代的交响曲，其内部的不同城市就像是不同的乐器，它们共同以产业的分工与协作奏响了一篇篇华彩乐章，汇聚演奏成了一部大气磅礴、壮怀激烈的作品。其中，经济活跃、人口众多的广州像贝斯，低音部分代表了经济的稳定和发展，高音部分代表了多元文化和人口的多样性；作为科技创新中心的深圳像电子琴，它的每个音符都代表了不断创新的科技声音；以制造业闻名的东莞像鼓，多年来用制造业的鼓点敲响了这座城市的生机与活力，但其面临的产业转型压力也在考验鼓手的演奏水平；作为中国重要的陶瓷和家具制造基地佛山像陶笛，其音色代表了独特的工艺和传统手艺；有着优美的自然风光和旅游资源的珠海像小提琴，能产生温暖、甜美、明亮、深情等多种情绪的音

联合国可持续发展目标

色，可合奏、可独鸣，是表现"乐队"丰富情感和独特魅力的理想乐器。

事实上也确实如此，珠海与工艺精美、外形优雅的小提琴一样，无论是城市规划还是景观设计，都以精美和优雅著称，而且跨越了不同的文化和地理边界，吸引了来自世界各地的人们，在南海之滨融汇了丰富的文化元素。东莞犹如一位沉稳有力的鼓手，在产业转型的关键节点，正努力调整节奏，力求以更加精准有力的鼓点，引领城市发展的新旋律。大湾区的每个城市都在这部宏大的交响曲中，发挥着独特且不可或缺的作用，共同编织出绚丽多彩的发展篇章。

潮平岸阔，风正帆悬。在新时期、新起点、新征程中，我们满心期待着粤港澳大湾区这片神奇的土地能够继续勇立潮头、开拓创新，在时代的浪潮中破浪前行，绽放出愈发璀璨夺目、熠熠生辉的光彩！

跋

　　今年5月书稿基本完成，我有幸全文阅读，并和作者进行了一次深度交流，欣然写下了序。三个月过去了，准备正式出版的时候，作者突然告诉我，全书作了很大的变动和调整。于是我不禁感到好奇：三个月发生了什么，让她有如此大的决心和编辑部就一些讨论形成了新的思路和新的理解呢？

　　我仔细对照新稿提纲，发现内容有所增补。原稿立足三溪科创城，将格力这样一个大型企业的转型与城市发展的配套作为切入点。与之对比，新版书稿加入了东莞松山湖科学城。从三溪科创城到松山湖科学城，视野更开阔了，认知步入了一个新的境界。从当初的一个典型案例的深度视角，变为站在更高的平台上，放眼未来，提出了更新的多元发展模式。

　　今天，我们站在一个新的起点。党的二十届三中全会特别提出教育、科技、人才的协同改革。从这个视角出发来看这本书，应该说它更多地是从产业的角度、从园区的角度、从城市发展的角度、从产业载体和平台的角度，提供两个实实在在的案例。未来的产业更多是产业链的集群，未来的科技更多是支撑产业的道路，未来的人才也将会在教育、科技、产业创新舞台发挥能量，城市需要为他们营造和构建优质的生活空间和美好生态。

　　党的二十届三中全会为进一步全面深化改革、推进中国式现代化作了部署。改革开放46年来，我们经历过的那些改革路径中所看到的一些方向、一些路径、一些尝试，都要有新的突破。为实现中国式现代化的目标，对于城市来说应该是人民幸福生活的载体，对于可持续发展来说应该是生态绿色协同发展。在这里我们要推动新质生产力发展、迸发向上的力量、集聚创新的动能是非常一致的目标。新兴的技术革命和产业革命带来的挑战，随着教育、科技、人才的全面发展，一个城市中的核心动力将更加聚焦在城市的生态模式上。

未来可期，但来自人工智能新技术的发展，特别是ChatGPT为代表的人工智能应用带来了更多的思考。面向未来，我们更需要会提问题，多思考问题。关于这本书我们能学到什么，我也向国内的人工智能大模型提了几个问题，让它回答未来我们有什么样的体会。除了书中的案例以外，更重要的是每一位读者都可以自己来提出新的问题，找到新的答案。

下面附上我提出的问题和人工智能大模型给出的回答。

问题一：在城市更新的大背景下，"新产城融合·工业上楼"模式面临的最大挑战是什么？具体案例中是如何应对这些挑战的？

在城市更新的大背景下，"新产城融合·工业上楼"模式面临的最大挑战主要包括以下几个方面。

（1）最大挑战

土地资源有限与利益分配复杂：城市更新过程中，土地资源是一项宝贵的资源，但其供给有限。如何在有限的土地资源上实现高效利用，并平衡各方利益，是首要挑战。利益分配问题复杂，涉及政府、企业、居民等多方主体，需要找到合理的平衡点。

历史文化保护与城市更新的矛盾：城市更新往往需要对老旧建筑进行改造或拆除，这容易引发历史文化保护与城市更新之间的矛盾。如何在保护历史文化遗产的同时，推动城市更新，是一个重要课题。

产业选择与适应性：并非所有工业业态都适合"工业上楼"模式，需要甄选噪声、振动等方面对环境影响较小且适合高密度生产的高新技术产业和先进制造业。产业选择不当，可能导致"工业上楼"项目失败，浪费土地资源。

成本与经济效益考量："工业上楼"项目需要投入大量资金进行建设和改造，如何通过政策扶持、税收优惠等方式平衡成本，使企业愿意入驻并持续发展，是关键问题。经济效益考量不足，可能导致项目难以持续运营。

（2）三溪科创城案例中的应对策略

科学规划与统一管理：三溪科创城采用"规划先行、建设统一、产投联动、良性发展"的开发理念和分期建设的模式，确保项目有序推进。通过科学规划，合理利用土地资源，避免浪费和重复建设。

利益协调与多方共赢：在项目推进过程中，注重利益协调，确保政府、企业、居民等各方利益得到合理保障。通过政策扶持、税收优惠等方式，吸引企业入驻，推动产业发展。

历史文化保护与城市更新并重：在城市更新过程中，注重历史文化保护，保留具有历史价值的建筑和文化景观。通过合理的规划和设计，将历史文化元素融入现代城市建设中，提升城市文化内涵。

产业甄选与集聚发展：甄选适合"工业上楼"的高新技术产业和先进制造业入驻，确保产业与项目定位相符。通过产业集聚发展，形成规模效应和竞争优势，推动产业转型升级。

成本控制与经济效益提升：通过精细化管理和成本控制，降低项目建设和运营成本。通过提升项目品质和服务水平，吸引更多优质企业入驻，提升项目经济效益。

综上所述，三溪科创城案例通过科学规划、利益协调、历史文化保护、产业甄选和成本控制等策略，有效应对了"新产城融合·工业上楼"模式面临的挑战，为其他城市提供了可借鉴的经验。

问题二：不同城市在实施"新产城融合·工业上楼"的探索与实践中，有哪些因地制宜的策略和创新点？

在不同城市实施"新产城融合·工业上楼"的探索与实践中，因地制宜的策略和创新点主要体现在以下几个方面。

（1）产业定位与选择

结合城市产业基础：各城市根据自身产业基础和发展方向，选择适合"工业上楼"的产业。例如，深圳等高科技产业发达的城市，更倾向于引入新一代信息技术、生物医药、智能制造等高新技术产业。

区域协同发展：考虑区域产业协同，形成上下游产业链，提升整体竞争力。如长三角、珠三角地区通过"工业上楼"推动区域内产业联动和资源共享。

（2）土地利用与规划

提高土地利用率：通过垂直化布局，提高单位土地面积上的产出效益。例

——城市更新背景下
"新产城融合·工业上楼"的
探索与实践

如，深圳全至科技创新园通过"工业上楼"模式，使工业空间面积从5万m^2拓展至15.5万m^2。

差异化规划：根据地块属性、交通条件、环境容量等因素，进行差异化规划。如城市中心区域可能更注重环保和形象，而郊区则更注重生产效率和成本。

（3）政策扶持与激励

制定专项政策：各地政府纷纷出台相关政策，对"工业上楼"项目给予容积率奖励、财政补贴、税收优惠等支持。如北京、上海、江苏等地均出台了具体政策措施。

创新融资模式：探索PPP（政府和社会资本合作）、REITs（不动产投资信托基金）等融资模式，吸引社会资本参与"工业上楼"项目建设。

（4）设计与建设创新

定制化设计：根据不同产业的需求，定制化设计工业楼宇。如生物医药企业需要洁净厂房、精密仪器制造对振动敏感等，均需在设计中予以考虑。

智能化升级：引入物联网、大数据等先进技术，实现楼宇智能化管理。如通过智能设备、传感器等手段，对生产过程进行自动化、信息化和智能化管理。

问题三：书中所提到的"新产城融合·工业上楼"模式，对于未来城市的可持续发展和生态环境保护能产生怎样的长期影响？

（1）推动可持续发展

提高资源利用效率："工业上楼"通过垂直化布局，提高了土地、能源等资源的利用效率，有助于实现资源的节约和循环利用。

促进产业升级：通过引入高新技术产业和先进制造业，推动城市产业结构优化升级，提高经济质量和效益。

（2）改善生态环境

减少环境污染："工业上楼"有助于集中处理工业废水、废气等污染物，降低对环境的污染。同时，高层建筑减少地面硬化，有利于雨水渗透和生态恢复。

提升城市形象：通过合理规划和建设，"工业上楼"项目可以提升城市形象，改善城市面貌。优美的环境和完善的配套设施有助于吸引人才和企业入驻。

（3）促进产城融合

加强产业与城市功能的互动："工业上楼"不仅关注工业生产本身，还注重与研发、办公、生活等功能的融合。通过构建综合性产业空间，促进产业与城市功能的互动和融合。

提升城市宜居性：通过增加生活配套空间和生态空间的比例，"工业上楼"有助于提升城市的宜居性。优美的生态环境和便利的生活设施有助于提高居民的幸福感和满意度。

综上所述，"新产城融合·工业上楼"模式对于未来城市的可持续发展和生态环境保护具有积极的长期影响。通过因地制宜的策略和创新点的实施，可以推动城市产业结构优化升级、提高资源利用效率、改善生态环境和提升城市宜居性。